ÉTUDES GÉOLOGIQUES SUR LA MER ÉGÉE.

LA GÉOLOGIE DES ILES DE MÉTELIN (LESBOS), LEMNOS ET THASOS

PAR

M. L. DE LAUNAY,
Ingénieur des Mines, Professeur à l'École supérieure des Mines.

(Extrait des ANNALES DES MINES, 2e livraison 1898.)

PARIS
P. VICQ-DUNOD ET Cie, ÉDITEURS
LIBRAIRES DES CORPS NATIONAUX DES PONTS ET CHAUSSÉES, DES MINES
ET DES TÉLÉGRAPHES
49, Quai des Grands-Augustins, 49

1898

ÉTUDES GÉOLOGIQUES SUR LA MER ÉGÉE.

LA GÉOLOGIE DES ILES DE MÉTELIN (LESBOS), LEMNOS ET THASOS.

TOURS. — IMPRIMERIE DESLIS FRÈRES.

ÉTUDES GÉOLOGIQUES SUR LA MER ÉGÉE.

LA

GÉOLOGIE DES ILES DE MÉTELIN (LESBOS), LEMNOS ET THASOS

PAR

M. L. DE LAUNAY,
Ingénieur des Mines, Professeur à l'École supérieure des Mines.

(Extrait des ANNALES DES MINES, 2e livraison 1898.)

PARIS
P. VICQ-DUNOD ET Cie, ÉDITEURS
LIBRAIRES DES CORPS NATIONAUX DES PONTS ET CHAUSSÉES, DES MINES
ET DES TÉLÉGRAPHES
49, Quai des Grands-Augustins, 49

1898

ÉTUDES GÉOLOGIQUES SUR LA MER ÉGÉE.

—

LA GÉOLOGIE DES ILES DE MÉTELIN (LESBOS), LEMNOS ET THASOS.

Au cours de deux voyages successifs dans la mer Égée, en 1887 et 1894, nous avons exploré avec soin les îles turques de Mételin, Lemnos et Thasos, afin d'en étudier la géologie et de combler ainsi de notre mieux une lacune dans les connaissances scientifiques sur cette intéressante région. La constitution géologique de ces îles n'avait fait l'objet d'aucun travail antérieur. Si nous rappelons que les terrains lacustres de Mételin avaient été signalés en une dizaine de lignes dans un ancien article de Spratt, en 1858 (*), et que M. Fouqué avait touché cette île dans une de ses explorations à Santorin sans rien publier sur sa géologie (**) ; qu'à Lemnos la plupart des auteurs men-

(*) L'article de Spratt : *On the freshwater deposits of the Levant* (Quart. journ., 1858, t. XIV, p. 212 à 219), donne même une prétendue coupe du tertiaire des environs de Mételin. Unger a également publié (*Chloriprotogæa*, Leipzig, 1844) des déterminations de bois fossiles de Mételin, sans indication de provenance.

(**) Voir : *Santorin*, p. 385. En 1894, M. Fouqué, dans sa *Contribution à l'étude des feldspaths des roches volcaniques* (Bull. Soc. Min., t. XVII, nos 7 et 8, p. 315 à 317), a décrit deux roches de Mételin : une dacite à hornblende du golfe de Kalloni et une obsidienne trachytique. C'est sur son bienveillant conseil que notre premier voyage dans la mer Egée a été entrepris, et nous tenons à lui en exprimer ici notre reconnaissance. M. Von Hauer a publié, en 1873, quelques analyses chimiques sans commentaire de roches de Mételin.

tionnaient des éruptions de volcans modernes, et que Neumayr prétendait y avoir vu des calcaires d'eau douce levantins, et qu'enfin Thasos avait été brièvement signalée comme formée de gneiss et marbres par Viquesnel et par de Hochstetter (*), nous aurons retracé, en peu de mots, toute la bibliographie antérieure du sujet. Il suffit, d'ailleurs, pour s'expliquer cette pauvreté d'informations précises sur des pays aussi voisins de nous, de rappeler ce que Tchihatcheff écrivait, en 1867, en tête de son grand ouvrage sur la Turquie d'Asie :

« S'il est quelque chose qui puisse donner une idée des obstacles qui rendent l'Asie Mineure inabordable au point de vue scientifique pour les explorateurs européens, c'est, sans doute, ce fait remarquable, que j'ai pu laisser dormir mon manuscrit *pendant vingt ans* sans éprouver la crainte de me voir devancé, dans ma publication, par un travail analogue. »

Un demi-siècle après les voyages de Tchihatcheff, l'accès des pays turcs reste toujours, en dehors de quelques régions privilégiées, à peu près aussi fermé à la science, et la difficulté de faire des observations dans un pays dénué de cartes, privé de moyens de communications, et où surtout la moindre étude du terrain est immédiatement suspectée et volontiers interdite comme une preuve d'espionnage, servira peut-être d'excuse aux lacunes qu'on pourrait ultérieurement constater dans notre travail.

A la suite de notre premier voyage, en 1887, où notre temps avait été tout particulièrement consacré aux investigations pétrographiques, nous avons publié, sur Mételin

---

(*) Viquesnel, *Journal d'un voyage dans la Turquie d'Europe* (Mém. de la Soc. géol., 1844, 2e série, t. I, p. 258). Viquesnel a fait simplement, dans Thasos, le trajet de Limenas à Panagia et consacre 14 lignes à cette île. — Voir également Grisebach (*Reise durch Rumelien*, 1842, I, p. 211) et Von Hochstetter (*Mémoire sur le sud-est de la Turquie d'Europe*, 1870, p. 448). La carte, jointe à ce dernier mémoire, donne une idée inexacte des directions de plissements de l'île.

et Thasos, un mémoire étendu dans les *Archives des Missions scientifiques et littéraires*. Notre second voyage a eu pour but essentiel l'étude de Lemnos; mais, de plus, profitant de cette occasion pour rester quelques jours à Mételin, nous nous sommes attaché à fixer, dans cette dernière île, divers points laissés en suspens et, notamment, à examiner plus complètement les terrains sédimentaires, un peu négligés lors de notre précédent passage. Nous voudrions grouper ici les résultats principaux de ces deux explorations, en demandant la permission de renvoyer, pour les détails pétrographiques relatifs à Mételin et à Thasos, à nos publications antérieures (*).

D'autre part, il nous a paru intéressant d'étudier, à ce propos, ce qui avait été écrit par d'autres géologues sur les régions voisines de la Grèce et de la Turquie et de tenter, pour l'ensemble de la mer Égée, spécialement pour sa partie nord, un essai de coordination approximatif entre ces études disséminées et trop souvent discordantes.

(*) Ces publications comprennent :

Sur Mételin et Thasos : *Description géologique des îles de Mételin et de Thasos* (Archives des missions scientifiques et littéraires, 3e série, t. XVI, 1890) (mémoire d'ensemble, avec bibliographie, carte géologique de Mételin, appendice géographique, etc.) ;

La géologie de l'île de Mételin (Comptes rendus, 20 janvier 1890) ;

Histoire géologique de Mételin et de Thasos (Revue archéologique de 1888) ;

La géologie des îles de Mételin, ou Lesbos, et de Lemnos dans la mer Egée (Comptes Rendus, 13 décembre 1897).

Sur Lemnos : *Notes sur Lemnos* (Revue archéologique de 1895), avec carte géologique ;

L'île de Lemnos (Annuaire du Club Alpin, 1894).

Sur la mer Egée : *Observations sur les directions de plissements de la mer Egée* (Comptes rendus des séances de la Société géologique, 4 avril 1892, 3e série, t. XX, p. 66) ;

Chez les Grecs de Turquie (le pays et les mœurs). 1 vol. in-8°, chez Cornély, éditeur, 1897.

On pourra remarquer, dans ces divers ouvrages (à l'exception du dernier), une orthographe des noms de lieux un peu différente de celle que nous suivrons ici ; nous nous sommes conformé, sur ce point controversé, à la règle géographique la plus généralement adoptée aujourd'hui.

Comme le montre immédiatement la carte ci-jointe (Pl. I), cette partie nord de la mer Égée, sur laquelle ont porté nos efforts, constitue, au nord d'une ligne d'îlots qui rejoint le promontoire de Magnésie à l'Ionie, un tout homogène et bien défini géographiquement. C'est, en outre, la partie de l'Archipel la moins connue de toutes façon, parce qu'elle est presque entièrement turque, tandis que les Cyclades, qui sont en eaux grecques, sont fréquemment abordées par les voyageurs.

Sans faire ici une bibliographie détaillée, qui trouvera sa place plus loin, nous tenons à rappeler que les premiers travaux géologiques sur ces régions de Grèce et de Turquie sont dus à des savants français : Boblaye et Virlet pour la Morée (1833) ; Boué pour la Thessalie, la Bulgarie et la Turquie d'Europe (1839 et 1840) ; Viquesnel pour la Macédoine, l'Albanie et la Turquie (1843 et 1844) ; Sauvage pour l'Eubée (1846) ; Virlet pour Samothrace (1854). Ultérieurement, nous avons encore à mentionner : de 1854 à 1866, les belles publications de M. Gaudry sur l'Attique et sur Chypre ; en 1873, celle de M. Gorceix sur l'île de Kos ; en 1879, le livre si important de M. Fouqué sur Santorin ; en 1877, le travail de M. Fischer sur les fossiles de Rhodes ; enfin, en 1897, une note de M. Lacroix sur Polycandros, sans parler du grand ouvrage de Tchihatcheff sur l'Asie Mineure, publié en français en 1869.

Néanmoins il est certain que, dans ces dernières années, le développement si considérable de l'influence politique allemande en Turquie et l'extension de la puissance autrichienne dans la même direction ont eu pour conséquence, en Orient, le développement des travaux scientifiques autrichiens et allemands, plus ou moins officiellement encouragés par les gouvernements de Vienne ou de Berlin. Nous devons à de Hochstetter (1870) une description de la partie orientale de la Turquie d'Europe ; à Hœrnes (1874), une étude sur Samothrace ; puis à MM. Neumayr,

Teller, Bittner, etc. (membres des missions envoyées, de 1874 à 1876, par le ministère de l'Instruction publique autrichien), une description de l'Attique, de la Béotie, de la Locride, de la Thessalie, de la Chalcidique et des îles d'Eubée, Kos et Chios ; à MM. Foullon et Goldschmidt (1887), une étude sur Syra, Syphnos et Tinos ; à M. Bukowski (1889), une description des îles de Rhodes et de Kasos ; à M. Lepsius (1892), une description générale de l'Attique ; à une expédition autrichienne, une étude sur la Méditerranée orientale (*) (faune, profondeurs, salures, etc.) ; à M. Toula (1882 et 1896), l'exploration des Balkans ; enfin à M. A. Philippson, une description du Péloponèse (1892) et une étude sur diverses îles grecques, telles que Skopelos, Skyros et diverses Cyclades (1897).

Les plus graves lacunes encore subsistantes concernent Imbros et surtout la masse continentale de l'Asie Mineure, sur laquelle les beaux travaux de Tchihatcheff, n'ayant jamais été repris depuis cinquante ans, sont forcément restés incomplets (**).

Ce mémoire (***), spécialement consacré à la portion nord de la mer Égée, appelée la mer de Thrace, comprendra cinq parties :

I. — Géologie de Métélin (Lesbos) ;
II. — Géologie de Lemnos ;
III. — Géologie de Thasos ;

(*) *Berichte der Commission für Erforschung des östlichen Mittelmeeres*, 3e série (Denkschr. der K. Ak. der Wissensch. in Wien, 1890 à 1894, t. LIX à LXII).

(**) L'ordre de description, à la fois par itinéraires et par nature de terrains, adopté dans ce remarquable ouvrage, y rend malheureusement les recherches d'autant plus difficiles qu'on est généralement peu familiarisé avec les noms géographiques de ces contrées.

(***) La collection complète de nos échantillons, numérotés de 1 à 300, a été déposée à l'Ecole des Mines, avec un catalogue et des cartes indiquant la place où a été recueillie chaque roche ; nous renverrons, à l'occasion, aux numéros correspondants, par des nombres entre parenthèses insérés dans le texte sans autre explication.

IV. — Résumé géologique des travaux antérieurs sur la région nord de la mer Égée : Samothraki, Ténédos, la Troade, la Lydie et l'Ionie, Chios, Skyros, le Péloponèse, l'Attique, l'Eubée, les côtes de Thessalie, la Chalcidique et l'est de la Turquie d'Europe.

V. — Conclusions générales sur la géologie de la mer Égée.

I. — GÉOLOGIE DE MÉTELIN (LESBOS).

Les principaux éléments géologiques que l'on rencontre à Mételin sont les suivants :

Terrains sédimentaires.	1° *Schistes métamorphiques et marbres*, d'aspect primaire ; 2° *Dépôts pontiens :* calcaires, tufs sableux, grès micacés, etc., avec lignites et faune d'eau douce ou saumâtre ; 3° *Dépôts pliocènes (?) et pléistocènes :* arkoses, conglomérats, alluvions argileuses et sableuses.
Roches cristallines.	4° *Péridotites et serpentines*, rattachées à l'ensemble des schistes métamorphiques et marbres ; 5° *Roches éruptives tertiaires :* Rhyolithes ; dacites ; trachytes ; andésites ; labradorites ; basaltes ; obsidiennes et couches stratifiées de brèches et conglomérats.

La *disposition générale* de ces diverses catégories de terrains et de roches, que met en évidence une carte ci-jointe (Pl. II), est la suivante :

L'île est grossièrement divisée en deux par le golfe de Kalloni, l'est étant formé de terrains primaires et serpentines, l'ouest de roches éruptives tertiaires.

Les schistes métamorphiques et marbres, considérés

comme primaires, ont une direction générale N.N.E.-S.S.O. (plus exactement N. 15° E.), direction que M. Teller a retrouvée également à Chios et dans la presqu'île de Karabournou, Tchihatcheff sur le continent d'Asie Mineure, Hœrnes à Samothraki, divers observateurs à Paros, Naxos et Nios et qui, à plus grande distance, paraît se raccorder également (Pl. I) avec les directions observées en Macédoine, dans la Chalcidique, le promontoire de Magnésie ou l'Eubée, montrant ainsi l'existence probable, en ces régions, d'une ancienne chaîne N.E.-S.O., ultérieurement rompue et disjointe par les dislocations de l'époque tertiaire.

Ces terrains primaires forment, dans l'est de Mételin, un grand massif, où se trouve le point culminant de l'île, le mont Olympe (990 mètres) ; ils sont là, flanqués, à l'est et à l'ouest, de deux zones parallèles de péridotites et serpentines. Dans l'ouest de l'île, on en retrouve, au milieu des roches tertiaires, quelques lambeaux disjoints de même direction, qui suffisent à montrer l'ancienne unité de la formation dans tout Mételin.

Entre le dépôt de ces couches primaires et le tertiaire, l'île paraît avoir été émergée, comme toute la Troade, la Thrace, la Mysie et la Lydie. A la fin du crétacé seulement, quelques lacs ont dû commencer à s'esquisser dans cette région et annoncer l'extension de la mer Éocène en Thrace et en Lydie, puis de la mer Sarmatienne jusqu'au sud de la Troade.

A Mételin même, l'origine, assez mystérieuse, des grandes masses stratifiées de conglomérats andésitiques à bois silicifiés, que l'on observe dans tout l'ouest de l'île, pourrait faire supposer l'existence de quelques dépressions remplies d'eau ayant existé au moment de leur formation, c'est-à-dire apparemment pendant le miocène ; mais c'est seulement à partir de la période pontienne que des couches sédimentaires nettement caractérisées se sont formées dans cette ile (*), et ces dépôts sont strictement localisés en de rares points des côtes, où ils se montrent fortement plissés et disloqués par des phénomènes dynamiques, dont l'âge est, par suite, très récent, au moins pliocène.

Les principaux points où nous avons trouvé ces dépôts fossilifères sont : 1° la pointe Orthymnos au nord-ouest ; 2° le fond du golfe d'Iéro ; 3° les environs immédiats de Mételin, depuis la ville jusqu'au cap Maléa, au sud-est de l'île.

Quelques-uns de ces dépôts sont, comme nous le verrons, déjà saumâtres et marquent, par suite, la proximité probable de la mer, qui s'était avancée non loin de là pendant le sarmatien et en est disparue pendant le levantin pour ne revenir, plus tard, qu'à la fin du pliocène.

Enfin les roches tertiaires forment, dans tout l'ouest de l'ile, une grande masse, dont le prolongement occupe, d'après Tchihatcheff, presque toute la Troade. Ce sont presque exclusivement des coulées, contrairement à ce que nous verrons plus tard à Lemnos, où l'on parait avoir affaire à des dykes. On y trouve une série de types de plus en plus basiques allant du trachyte rhyolithique, ou de la dacite, au basalte labradorique. Les venues les plus récentes ont recoupé les dépôts pontiens.

En résumé, on parait avoir, à Mételin, un lambeau d'une chaine primaire N.N.E.-S.S.O. comprenant schistes métamorphiques, marbres, péridotites et serpentines. Ce lambeau, émergé jusqu'à l'époque pontienne, aurait commencé, à partir d'une période tertiaire imprécisée, probablement miocène, à se disloquer sous l'effort de forces éruptives,

(*) Dans notre premier mémoire, nous avions déjà exprimé (p. 28) l'idée, purement hypothétique, que les calcaires tertiaires de Mételin pourraient être pontiens ou levantins. L'un des principaux résultats de notre voyage de 1897 a été de préciser leur âge en y découvrant une faune pontienne bien déterminée.

ayant donné lieu à des venues de roches de plus en plus basiques. A l'époque pontienne, quelques lacs ou marais saumâtres se seraient formés sur les côtes, lacs dont les dépôts ont été ultérieurement bouleversés par un grand effondrement, qui parait avoir eu lieu à la fin du pliocène et qui a amené, dès lors, la Méditerranée à peu près sur son emplacement actuel.

Abordons maintenant la description successive de ces terrains divers.

1° **Schistes métamorphiques et marbres.** — Cet étage est formé d'alternances constantes et multiples de schistes métamorphiques, souvent micacés ou chloriteux, plus rarement amphiboliques et de calcaires marmoréens, ces derniers présentant parfois, comme au mont Olympe, des épaisseurs considérables.

Les schistes micacés passent fréquemment à des quartzites chloriteux et renferment, suivant les cas, plus ou moins de feldspath, de mica brun ou blanc, de chlorite, d'actinote ou d'amphibole, parfois de la calcite et du graphite. Ceux de l'ouest du mont Olympe (6, 7), dont l'aspect à l'œil nu rappelle un peu celui des phyllades cambriens, apparaissent au microscope absolument cristallins, mais avec une disposition des minéraux qu'on peut attribuer à une clasticité ancienne, suivie d'une remise en mouvement des éléments par métamorphisme. Le mica blanc est souvent en fines aiguilles soyeuses tapissant les plans de schistosité, comme celui que produit, après coup, le voisinage de la granulite ; le quartz est en veines minces intercalées entre les plans schisteux ; du feldspath s'est développé par endroits ; la chlorite, l'actinote et l'amphibole sont souvent très abondantes.

Les grandes lentilles calcaires sont formées de beau marbre blanc, souvent très pur, ailleurs plus chargé de magnésie et présentant des cristaux de dolomie ; celui du mont Olympe (5) nous a donné seulement, à l'analyse, 0,18 p. 100 de magnésie. Les bancs plus minces et souvent zonés de jaune ou de gris, ou même complètement noirs, qu'on voit intercalés dans les schistes (2, 141), peuvent renfermer du quartz, du mica blanc, du biotite, de l'épidote, de la tourmaline, de l'apatite, du zircon et autres minéraux paraissant dus à un métamorphisme chimique, tenant probablement à des intrusions de nature granulitique.

Nous avons donné autrefois des coupes détaillées de ce terrain et une carte représentant l'allure des principaux massifs de marbre, ce qui nous dispensera de nous étendre sur la disposition de ces roches.

Sur les bords est et ouest du massif primaire, le long des bandes de serpentine qui le limitent des deux parts, on trouve assez fréquemment des schistes amphiboliques et parfois des schistes serpentineux. Cette corrélation entre les serpentines et les schistes amphiboliques, sur l'origine assez obscure de laquelle nous aurons à revenir quand nous étudierons les premières de ces roches, n'est pas particulière à Mételin, et nous avons eu souvent l'occasion de l'observer pour les diorites, amphibolites et serpentines du Plateau Central français (*). Ici on peut la constater : sur le flanc ouest de l'Olympe (7 et 9) ; à l'est de Drota (au sud de l'Olympe) ; au cap Maléa (sud-est de l'île) (140) ; enfin, près de Mistégna (au nord-est) (124). En ce dernier point, des schistes métamorphiques verts, contenant du carbonate de fer et du silicate de protoxyde de fer vert clair avec des traces de cuivre, présentent des parties serpentinisées, en rapport probable avec des serpentines, dont les galets sont abondants dans les ruisseaux voisins.

(*) Voir notamment, dans le *Bull. de la Carte géolog.*: Note sur la feuille de Brives, 1889, p. 12 à 14 ; Note sur la feuille de Confolens, 1896 (Cf. *C R.*, 17 juin 1895, etc.)

La direction générale de ces schistes oscille autour de la ligne nord-sud, avec un pendage constamment dirigé à l'ouest : ce qui, d'après M. Teller, est également le cas à Chios.

Leur âge, que nous considérons comme primaire, ne peut être déterminé à Mételin, où nous n'y avons vu aucune trace d'organismes; il fera ultérieurement l'objet d'une discussion plus générale, où nous examinerons la question, qui se pose, à ce propos, pour l'ensemble de la mer Égée.

2° **Dépôts pontiens** (*). — Les formations tertiaires de l'île de Mételin, auxquelles nous n'avions consacré que peu de temps en 1887 et dont nous nous étions contenté de reconnaître l'emplacement restreint, ont, au contraire, été l'objet d'une étude toute spéciale dans notre second voyage de 1894. Après notre départ, M. Simandiris, agent consulaire de France à Mételin, dont l'inépuisable obligeance nous a été constamment précieuse, a bien voulu, sur nos indications, continuer les fouilles que nous avions commencées et en diriger de nouvelles sur les couches de lignite de la pointe Orthymnos, que nous n'avions pu visiter. Nous nous trouvons ainsi en possession d'un ensemble de faits encore inédits, dont la conclusion la plus importante a été la reconnaissance, à Mételin, d'une faune pontique presque identique à celle de l'Attique ou de l'Eubée, très analogue également à celles de Roumanie ou des environs d'Ancône (**).

(*) On sait que les couches pontiennes, au sens actuel du mot, comprennent une partie de l'ancien étage levantin de Hochstetter.

(**) La comparaison avec les faunes de Roumanie conduirait à placer nos couches au sommet de l'étage à congéries, c'est-à-dire dans les dépôts de passage au pliocène. Le rapprochement avec les fossiles de l'Attique, que nous préférons à cause de la proximité géographique des gisements, amène également à considérer les plus élevés de nos bancs, notamment ceux du mont Orthymnos, comme un peu plus jeunes que les couches à congéries.

Tous les échantillons paléontologiques, dont il sera question plus loin, ont été examinés et déterminés au laboratoire de la Sorbonne par M. Munier-Chalmas, qui a pris la peine de faire les moulages et les préparations, que leur état de conservation défectueux rendait le plus souvent nécessaires. C'est un plaisir pour nous de lui en exprimer toute notre reconnaissance.

Nous devons également remercier très vivement M. Fliche, professeur à l'École forestière de Nancy, qui nous a donné la détermination des bois fossiles et bois silicifiés recueillis dans la région du mont Orthymnos.

Les terrains tertiaires de Mételin peuvent être étudiés principalement en trois points, où nous les avons trouvés fossilifères :

1° Au voisinage immédiat de la ville de Mételin, sur la côte sud-est, entre Thermi et le cap Maléa : ils comportent là, comme élément caractéristique, des calcaires blancs durs, souvent oolithiques ou concrétionnés et parfois chargés de bithynies ;

2° Au fond du golfe d'Iéro, près de la source thermale située en contre-bas de la route de Mételin à Hagiassos : on y observe des couches d'argile sableuse micacée très friable et de grès mince, avec des *Unio*, *Cardium*, etc. ;

3° Dans l'ouest de l'île, au nord du mont Orthymnos, aux places dites Kelemnia et Lapsarna : en ce point, des couches de lignites sont encaissées dans des bancs de calcaire bitumineux à néritines et planorbes, contenant des lits de silex.

Ces trois gisements sont absolument indépendants les uns des autres, et l'on ne peut établir entre eux aucune relation stratigraphique directe. Mais l'examen des fossiles que l'on y rencontre prouve qu'ils appartiennent tous trois au pontien, le dernier pouvant être seulement, si l'on se fie à la comparaison avec des coupes étudiées par Th. Fuchs en Attique, un peu plus récent que les autres.

Comme renseignement sur le plus ou moins de salure des eaux, où se sont déposées ces couches et, par suite, sur l'histoire géologique de la région à l'époque pontique, les calcaires de Mételin renferment des coquilles lacustres ou saumâtres ; les argiles sableuses du fond du golfe d'Iéro sont certainement saumâtres ; les lignites de la pointe Orthymnos présentent des formes d'eau douce et des formes saumâtres.

L'ensemble de la faune pontique recueillie à Mételin rappelle singulièrement celle étudiée par Fuchs en Attique ou à Koumi, en Eubée, juste en face de Mételin, sur l'autre rive de la mer Égée. Nous voyons donc que, pendant la période pontique, marquée en général, dans toute cette zone, par un recul notable de la mer Sarmatique, il existait encore, suivant une direction N.E.-S.O., qui est tout à fait conforme à d'anciennes directions de plissement de la région, une série de dépressions lacustres ou saumâtres, allant de la pointe de l'Attique à Koumi dans l'Eubée, puis à Mételin, enfin, dans le golfe d'Adramiti, vers Narlu, où Tchihatcheff a signalé, de son côté, des terrains lacustres analogues. Ce serait là probablement à peu près la limite sud des formations pontiques, formations en majeure partie lacustres ou légèrement saumâtres, comme nous venons de le dire, indiquant, dès lors, probablement, le commencement de recul de la mer, qui s'est accentué pendant le levantin.

Le résumé des observations faites sur les terrains tertiaires de Mételin est le suivant :

1° Environs de Mételin (Vounaraki). — Calcaires durs concrétionnés, parfois oolithiques. Faune d'eau douce : avec *Cypris* et *Bithynia rubens*, Menke, déjà signalée à Rhodes et à Livonates, près Talandi (Eubée) : Étage pontien.

2

2° Source du golfe Iéro, ou des Oliviers. — Argiles micacées plus ou moins sableuses :

A. Couche avec *Cardium Bollense*, Mayer, et *Cardium prætenue*, Mayer ;

B. Couche avec deux formes de *Vivipara* (*Tylotoma*) *megarensis*, Fuchs, et *Unio* cf. *Davilei*, Porumbaru ;

C. Argile avec *Cypris*, *Pisidium* cf. *slavonicum*, *Hydrobia*, *Planorbis*; dans l'ensemble, faune saumâtre, assimilable : les couches à Cardium avec celles de Trakones (Attique) et de Bollène (bassin du Rhône) ; celles à paludines avec des formations de Mégara, de Rhodes et de Kos : Étage pontien.

3° Gisement du mont Orthymnos. — Calcaires bitumineux avec lignites, silex et tufs sableux : *Neritina nivosa*, Brusina ; *Melanopsis* sp. ; *Bithynia*; *Planorbis*; *Hydrobia* n. sp. cf. *Hydrobia attica*, Fuchs ; *Pyrgula* cf. *tricarinata*, Fuchs.

Bois fossiles, comprenant deux types de Dicotylédones, un bois de palmier probable et deux ou trois types de Conifères, des *Cedroxylon*, peut-être un *Araucarioxylon*.

Faune d'eau douce ou légèrement saumâtre, assimilable à celle des lignites de Mégara (Attique) (Hydrobies, Planorbes et Melanopsis), de Markopulo (Attique) et de Koumi (Eubée), avec Néritines des couches à congéries de Croatie, de Rhodes et de l'isthme de Corinthe. — Age : sommet de l'étage pontien (couches à congéries).

Décrivons maintenant les trois affleurements principaux de terrain tertiaire, au milieu desquels nous avons reconnu ces gisements :

1° *Côte S.-E. entre le cap Maléa et Thermi.* — Les dépôts tertiaires s'étendent sur cette côte depuis le cap Maléa jusqu'à Thermi. Bien que le seul gisement fossilifere s'y trouve auprès de Métclin, nous croyons utile d'en donner une description générale, qui présente quelque intérêt pour l'étude des dislocations récentes de la région.

La pointe du cap Maléa est formée de grandes falaises de serpentine noirâtre ayant une trentaine de mètres de haut et dont le pied est battu par la mer. Tantôt cette serpentine est massive ; ailleurs elle est, au contraire, absolument schisteuse et passe à des schistes serpentinisés (133 à 136) ; on y voit des veines de quartz englobant des débris de serpentine (135) et, sur le bord de la mer, dans la zone désagrégée par les eaux, des réseaux de fissures ressoudés par de la calcite.

Quand on quitte le point extrême accessible à pied sur le rivage pour se diriger vers le nord, on trouve, au bout de 350 mètres, des terrains tertiaires en couches presque verticales, dont la direction oscille autour de la ligne nord-sud (plutôt N. 160° E.), c'est-à-dire est parallèle à la grande direction du rivage dans cette région (*).

La coupe de ces terrains est la suivante de haut en bas (137 à 139) :

3. Plaquettes calcaires un peu cristallines, arrivant à se diviser en minces feuillets, avec banc plus sableux intercalé........................	5 à 6 mètres
2. Calcaire sableux fin..........................	0m,20
1. Calcaire semi-lithographique en dalles minces.	4 à 5 mètres

Bientôt cette formation disparait sous un conglomérat plus récent, formé de blocs de serpentine de toutes dimensions, accumulés en désordre et sans être bien soudés les uns aux autres.

Après ce conglomérat, qui se montre sur 10 mètres de hauteur et 300 mètres de longueur, on retrouve une longue et haute falaise tertiaire d'environ 30 mètres de hauteur,

(*) Au voisinage du cap Maléa le tertiaire monte jusqu'à 60 mètres d'altitude.

formée d'alternances de bancs calcaires minces, plus ou moins marneux et plus ou moins lithographiques, dans lesquels nous n'avons pu découvrir aucun fossile.

Ces bancs, très redressés, sont dirigés parallèlement à la côte, mais avec plongement constant à l'ouest, c'est-à-dire en sens inverse du rivage. Ils portent les traces d'un métamorphisme en relation avec la dislocation qu'ils ont subie et dont l'âge, au moins pliocène, est, par suite, bien déterminé ; on y remarque notamment de nombreuses veinules de calcédoine.

Après une lacune assez longue, on voit, au nord de Varia, 12 à 15 mètres de haut d'une argile brunâtre, passant par endroits à une arkose et alternant avec des bancs de poudingue à gros galets (pliocène ?)

Enfin, peu avant d'arriver à Mételin, on retrouve, à la pointe Vounaraki, entre la mer et la route et jusqu'aux rochers situés en face de Mételin de l'autre côté de la baie, les calcaires tertiaires, toujours fortement bouleversés, mais cette fois fossilifères (158 à 170).

Les calcaires de cette région sont blancs, concrétionnés, très durs, parfois oolithiques et ressemblent beaucoup à ceux de la Limagne d'Auvergne, avec lesquels la présence de nombreuses bithynies et de cypris leur donne une analogie de plus. Ils apparaissent sur environ 25 mètres de hauteur, formant, dans l'ensemble, un petit anticlinal, dont l'axe serait dirigé N.-E., mais avec des couches beaucoup plus rapprochées de l'horizontale que dans la région sud précédemment parcourue, et sont recouverts par des placages d'arkose ou de conglomérat, analogues à ceux que nous avons signalés plus haut vers Varia et au cap Maléa et qu'on retrouve en plusieurs points des rivages de l'île.

Les moulages opérés sur les bithynies, très fréquentes dans ce calcaire, montrent qu'elles sont très voisines de la *Bithynia rubens*, Menke, trouvée d'abord à Rhodes et signalée également par Fuchs (*) à Livonates, près Talandi en Eubée, dans un sable à congéries, surmonté par une couche à Cardium.

Près de Mételin, soit au sud, soit au nord avant Karatépé, on peut voir ces calcaires recoupés par les basaltes, dont l'âge est, par conséquent, pliocène.

Enfin, en continuant encore vers le nord, on traverse, entre Mistegna et Kydona, des argiles grises et des conglomérats, qu'il faut peut-être rattacher aux formations du même genre signalées précédemment et qui, d'une façon générale, paraissent postérieures aux dépôts pontiens.

2° *Gisement du golfe Iéro.* — Le second gisement tertiaire intéressant dans l'île de Mételin est celui de la source thermale située au fond du golfe d'Iéro (171 à 188).

Cette source thermale est — par un phénomène fréquent à Mételin, ainsi que dans d'autres îles à phénomènes éruptifs récents ou tertiaires — située sur la côte même, et, des deux côtés, sur une longueur totale d'environ 250 mètres, il existe une petite falaise de terrains tertiaires, principalement formés d'argiles sableuses et de minces bancs de grès, qui plongent légèrement des deux côtés de la source (probablement située sur un anticlinal rompu) et redeviennent horizontaux, à quelque distance de là.

Le chemin qui descend à cette source thermale, fournit, sur environ 25 mètres de haut, une bonne coupe de ces terrains, qui n'ont d'ailleurs qu'une largeur tout à fait minime et disparaissent, à 100 ou 200 mètres du rivage, pour faire place aux terrains anciens de calcaires et

---

(*) Fuchs, *Studien über die jüngeren Tertiär Bildungen Griechenlands* (Denks. d. K. Akad. d. W., XXXVII, t. II, 1877).

A Livonates ce fossile est associé avec *Pyrgula incisa*, qui paraît exister ailleurs, dans Mételin, au gisement du mont Orthymnos.

schistes métamorphiques. Cette coupe est la suivante, de haut en bas :

11. Marne calcaire à nodules blancs......... 0^{m},60
10. Sable graveleux rouillé.................. 0^{m},30
9. Cordon de galets........................ 0^{m},08
8. Lit mince calcarifère agglutiné, avec traces d'organismes........................ 0^{m},15
7. Série de lits argileux ou sableux jaunâtres très fins, avec empreintes végétales, séparés par des bancs minces agglutinés. 12 mètres
6. Lit de cailloux de quartz, marbre, etc., dans l'argile sableuse................ 0^{m},03
5. Argile micacée plus ou moins sableuse et plus ou moins agglutinée.............. 9 mètres
4. Lit d'argile micacée avec *Cardium Bollense*, Mayer, et *Cardium prætenue*, Mayer..... 0^{m},05
3. Lit d'argile micacée avec deux formes de Paludines et Unio : *Vivipara megarensis*, Fuchs; *Unio* cf. *Davilei*................ 0^{m},05
2. Argile fine à entomostracées, avec *Cypris* très nombreuses; *Pisidium* cf. *slavonicum; Hydrobia* (opercules); *Planorbis*, etc. 0^{m},03
1. Argile fine grisâtre...................... 1^{m},20

Niveau de la mer.

La faune recueillie dans les niveaux 2, 3 et 4, entre 1^{m},20 et 1^{m},50 au-dessus de la mer, ressemble trait pour trait à celle de l'étage à congéries étudié par Fuchs (*) en Attique et peut également être rapprochée des formes de Roumanie décrites par M. Stefanescu (**), ou de celles des environs d'Ancône signalées par M. Capellini (***).

Des cardium, assimilables à ceux de la couche 4, ont été rencontrés par Fuchs à Trakones, petit port de mer

(*) *Loc. cit.*

(**) Stefanescu, *Contribution à l'étude des faunes sarmatique, pontique et levantine* (Mém. Soc. géol., 1896), et thèse *sur les Terrains tertiaires de Roumanie* (1897).

(***) Capellini, *Gli strati a congerie di Ancona* (Ac. Roy. del. Ac. dei Lincei, 3e série, 1879, t. III, pl. II).

à 1 kilomètre au sud-ouest d'Athènes. On a là, d'après lui, au-dessus du crétacé, des conglomérats et marnes, puis un calcaire contenant *Cardium Bollense*, Mayer, et *Cardium prætenue*, Mayer, c'est-à-dire deux formes de Bollène (dans le bassin du Rhône) et, au dessus, des couches à congéries assez minces.

Les mêmes Cardium ont été trouvés par M. Capellini à Monte-Acuto et sont très analogues à des formes de Roumanie.

Les paludines de la couche 3 rappellent les deux formes figurées par Fuchs sous le nom de *Vivipara megarensis*, Fuchs, qui ont été trouvées, près de Mégara (Attique), dans une formation d'eau douce pleine de melanopsis, lymnées et planorbes, avec quelques niveaux de lignite et bancs saumâtres intercalés : formation qu'il considère comme un peu plus jeune que les couches à congéries et rapproche des dépôts marins pliocènes de Rhodes et de Kos. Il y a signalé deux fossiles que nous avons trouvés dans un autre gisement de Mételin, au mont Orthymnos: *Hydrobia attica* et *Hydr. Heldreichi*.

En Roumanie, des formes de paludines analogues ont été décrites comme *Vivipara* (*Tylotoma*) *rumana*, Tournouer, et *Vivipara* (*Tyl.*) *Woodwardi*, Brusina.

Enfin les pisidium de la couche 2 sont analogues au *Pis. slavonicum* de l'Attique et au *Pis. amnicum* de Roumanie.

3° *Gisement du mont Orthymnos*. — Le troisième gisement étudié à Mételin est situé au nord du mont Orthymnos. Il existe là, près de Telonia, entre le cap Elaia, les promontoires Orthymnos et Gavatha, quelques petits bancs de lignite, où l'on a fait des recherches à diverses reprises. Ces bancs, d'après M. Simandiris qui a bien voulu aller les examiner et les fouiller sur notre demande, affleurent, en particulier : 1° près d'une ferme nommée Kelemnia, au nord du monastère Ypsilon, où ils ont une épaisseur de 0m,12 à 0m,15 et sont associés à un calcaire bitumineux et à un poudingue; — 2° dans le vallon de la Cravatouda, à Gaydarakos, où ils atteignent 0m,80; — 3° à Hagiavata, à l'ouest du port Gavatha, sur la pointe de Telonia, connue sous le nom de Tsichos; — 4° enfin à Petino, sur la première pointe de l'ouest de l'île Hag. Ioannès.

La faune est moitié lacustre, moitié saumâtre.

M. Simandiris nous a fait parvenir un très grand nombre d'échantillons provenant des places dites Kelemnia et Lapsarna (*) (189 à 224).

Les couches, assez fortement inclinées, paraissent, d'après les renseignements recueillis, présenter, de haut en bas, la succession suivante :

7. Tripolis avec hydrobies voisines des *Pyrgidium* et traces de Mélanies faiblement costulées, probablement *Melania aquitanica ;*
6. Couches uniquement formées de coquillages écrasés et luisants, particulièrement de *Planorbis ;*
5. Plaquettes minces de calcaire, absolument couvertes de petites planorbes.
4. Calcaires bruns siliceux.
3. Lits de silex bruns, sur la surface desquels l'attaque à l'acide chlorhydrique fait souvent apparaître les moules siliceux des fossiles signalés dans les couches encaissantes, notamment des *Planorbis* et des *Pyrgidium*.

. Calcaires bitumeux brunâtres, avec très nombreuses empreintes de plantes; fruits de conifères paraissant, d'après M. Fliche, se rapporter à *Pinus palæodrymis*, Sap. ou *P. tenuis*, Sap.; petites dents fines, et écailles de poissons; Néritines ayant conservé leur test et leur couleur, mais écrasées, très analogues à *Neritina nivosa*, Brusina; *Melanopsis* sp.; *Bithynia* (opercules); deux petites espèces de *Planorbis; Hydrobia* n. sp., intermédiaire entre

---

(*) Au sud du gisement il a retrouvé des schistes métamorphiques, dont nous avions déjà signalé plusieurs lambeaux dans cette région, au milieu des tufs d'andésite.

Hydr. attica, Fuchs, et *Hydr. Heldreichi*, Fuchs, et voisine du genre *Pyrgidium; Pyrgula* cf. *tricarinata*, Fuchs; etc.

1. Couches de lignite contenant de très nombreux fragments de bois fossile, au sujet desquels M. Fliche, professeur à l'École forestière de Nancy, a bien voulu nous remettre la très intéressante note qu'on lira plus loin en appendice.

Il en résulte, comme on le verra, que ces bois sont de trois types : Conifères du genre *Cedroxylon*, Palmiers du genre *Palmoxylon* de Stenzel ; enfin Ebénacées du genre *Diospyros*.

La *Neritina nivosa*, Brus., de la couche 2, a été signalée d'abord par Brusina, dans les couches à congéries de Bovic, Bekić et Cremušnica en Croatie ; elle a été retrouvée, dans le même étage, à Rhodes par Fischer, et à l'isthme de Corinthe par Th. Fuchs.

En dehors de ces néritines, les autres fossiles recueillis dans les bancs à lignite de l'Orthymnos présentent une remarquable analogie avec ceux de divers gisements de lignite étudiés par Fuchs en Attique ou en Eubée, c'est-à-dire dans une région très voisine et qu'il est, par suite, intéressant de leur comparer.

Près de Mégara (Attique), les bancs de lignite se trouvent au milieu de formations d'eau douce, pleines de melanopsis, lymnées et planorbes, avec quelques bancs saumâtres intercalés et reposant sur des conglomérats : formations que leur position stratigraphique a fait considérer par Fuchs comme un peu plus jeunes que les couches à congéries. On y trouve deux formes d'hydrobies, entre lesquelles la nôtre est intermédiaire, étant analogue de forme à l'*Hydrobia attica*, Fuchs, mais allongée comme *H. Heldreichi*, Fuchs. A Markopulo, Calamo et Oropo (Attique), il existe également, au-dessus du crétacé, des calcaires d'eau douce, avec quelques conglomérats rouges appartenant au pontien de Pikermi. A la base de ces calcaires on trouve de mauvais lignites, renfermant beaucoup de planorbes et de lymnées écrasées, qui semblent former des bancs analogues à nos couches 6.

Enfin à Koumi, dans l'Eubée, des couches de lignite, connues pour leurs empreintes (*), sont intercalées dans des calcaires de même âge que ceux de Markopulo et recouverts par des conglomérats.

Au contraire, comme nous le verrons, les lignites de Lapsaki sur les Dardanelles sont classés par Tchihatcheff dans le levantin, et M. Hochstetter place même un peu plus haut ceux qui se trouvent en Turquie d'Europe (**).

Dans cette même région du mont Orthymnos, aux environs de Sigri et dans l'ilot du même nom, les tufs et conglomérats d'andésite renferment une très grande abondance de troncs de bois silicifiés, qui, d'après les échantillons soumis par nous à l'examen de M. Fliche, seraient surtout des *Cedroxylon* et *Pityoxylon*.

Nous ajouterons seulement, pour compléter cette description des dépôts pontiens de Mételin, qu'en suivant de très près, en bateau à vapeur, la côte d'Asie Mineure, au sud de Dikeli, exactement en face de Mételin, nous avons pu voir distinctement, dans les passes entre la pointe Hagianos et les iles Nikoio, plusieurs ilots formés de terrasses de marne blanche inclinées vers l'ouest et recoupées par des basaltes, qui semblent bien prolonger, de l'autre côté du canal de Mételin, à environ 15 kilomètres de distance, les formations analogues du cap Maléa.

3° **Dépôts pliocènes et pléistocènes.** — En outre des dépôts pontiens que nous venons de décrire, les côtes de Mételin offrent, en divers points, des lambeaux de for-

(*) 1867 : F. Unger, *Die fossile Flora von Kumi auf der Insel Eubœa* (Denksch. der K. Ak. in Wien, t. XXVII).

1868 : Saporta, *Sur la flore fossile de Coumi (Eubée)* (Bul. Soc. géol., sér. II, t. XXV, p. 315).

(**) Voir, plus loin, p. 89. Il existe également, à Imbros, des lignites. Tous ces gisements de lignite ont été signalés sur notre carte (Pl. I) par des croix.

mations d'arkoses ou de poudingues, d'âge indéterminé, mais à peu près certainement postérieures aux couches pontiennes et, par suite, au moins pliocènes (*). Nous avons noté en passant quelques affleurements de ce genre entre le cap Maléa et Thermi ; nous allons en signaler deux ou trois autres.

On observe, sur la côte sud de l'ile, entre Drota et Vrissia, près de l'embouchure de la rivière Vourkos, une importante et curieuse masse de conglomérats, sur l'âge précis de laquelle nous n'avons pu, malgré un second examen en 1894, acquérir aucune notion.

Là, sur la rive gauche de la rivière Vourkos, des rochers de 80 à 100 mètres de haut sont formés de conglomérats de roches de toute espèce : serpentines, andésites, quartz, etc., à stratification confuse, mais présentant, néanmoins, par endroits, des traces d'une inclinaison postérieure au dépôt. Les galets, très irréguliers de dimension (jusqu'à 0m,30 de diamètre), souvent anguleux, parfois arrondis, sont soudés par une pâte rosée, analogue à celle des cinérites andésitiques, qui contient elle-même beaucoup de petits grains de feldspath et de quartz (149).

Ces dépôts, qui se prolongent également sur la rive droite de la rivière Vourkos, sont brusquement coupés sur le rivage, et le fond de la mer présente, en ce point même, d'après les sondages, une dépression est-ouest, qui atteint rapidement 600 mètres à peu de distance de la côte. Il faut peut-être en conclure l'existence d'une faille post-pliocène, qui aurait amené l'affaissement de la partie aujourd'hui submergée.

A peu de distance de là, nous avons rencontré des galets désagrégés sur le plateau, entre le village Vourkos et le Megali Limni, à près de 300 mètres d'altitude. Il

(*) On sait que le pliocène marin paraît faire défaut dans tout le nord de la mer Égée et jusqu'à Kos.

est difficile de voir, dans ce dernier cas, autre chose qu'une formation torrentielle.

Enfin, dans le fond des baies d'Iéro et de Kalloni, qui se terminent en pente douce par des plaines basses quelque peu marécageuses, les produits alluvionnaires, les sables et les limons occupent une certaine étendue.

4° **Péridotites et serpentines.** — Les péridotites, et les serpentines, qui dérivent de celles-ci par une altération probablement très ancienne, forment, à l'est et à l'ouest des terrains primaires, deux longues zones de plus de 5 kilomètres de large, parallèles à leurs plissements, c'est-à-dire N.-N.-E. — S.-S.-O.

Nous avons pu, lors de notre second voyage, en 1894, constater que cette disposition symétrique était encore plus parfaite que nous ne l'avions pensé d'abord et marquait bien, par suite, le rapport entre ces deux catégories anciennes de terrains : une excursion faite, par la montagne, du Megali Limni (au nord du mont Olympe), à Vourkos et, le long de la vallée Vourkos, jusqu'à la mer, nous a montré que la grande masse serpentineuse de Tschamlik se reliait, sans aucune interruption, à celle de Drota et que les trachyandésites, autrefois rencontrées à Akrassi, formaient un îlot très localisé.

Bien que nous n'ayons pu retourner à Pyrra et dans la région du mont Tavros, où des observations intéressantes seraient sans doute à faire à ce propos, cette course de 1894 a achevé de lever nos hésitations au sujet du rattachement proposé entre les serpentines et les schistes primaires. L'observation signalée plus haut (*) sur les intercalations de schistes amphiboliques et serpentineux, qui semblent annoncer l'approche des grandes masses ser-

(*) Voir plus haut, p. 14.

pentineuses, peut, quelque explication qu'on en donne, paraître une confirmation de plus de cette idée.

Nous considérons donc ces péridotites et serpentines comme faisant partie de la chaine ancienne de l'île; il convient, ainsi que nous le dirons, de les rapprocher de celles que l'on a trouvées dans les terrains cristallophylliens ou primaires du Despoto Dagh, de la Chalcidique, de la Thessalie, de Samothraki, de l'Eubée et peut-être du massif reconnu par Tchihatcheff au nord d'Eski Stamboul en Troade.

Ainsi que nous l'avons déjà fait remarquer précédemment (*), cette présence de serpentines associées souvent à des roches amphiboliques dans certaines parties de ces terrains métamorphiques, que l'on désignait autrefois sous le nom de terrains primitifs et dont nous croyons qu'il est impossible de préciser l'âge réel si l'on n'y trouve des traces d'organismes, est un phénomène assez général et dont l'origine pourrait se rattacher à ce grand problème du mode de formation des gneiss, granites, diorites, etc... (**).

Au point de vue stratigraphique, le contact de ces serpentines avec les coulées de roches tertiaires paraît marqué, à l'ouest, par une grande faille, que nous avions déjà aperçue autrefois près de la ferme de Pyrra, sur le golfe de Kalloni (***) et qui nous a paru particulièrement nette, en 1894, le long de la rivière Vourkos.

Un peu au nord du village de Vourkos, on voit, en effet, sur la rive droite de la rivière, la serpentine s'ar-

---

(*) Voir plus haut, p. 14.

(**) Nous avons abordé récemment cette question dans deux notes sur la feuille de Confolens (Bull. Carte géologique, travaux de 1896 et de 1897).

Nous verrons plus loin (p. 96) qu'en face de Mételin, en Mysie, dans le mont Ida, etc., Tchihatcheff a observé, par un phénomène tout à fait analogue, des alternances de calcaire, schiste dioritique, syénite, diorite, etc., qui paraissent dues à ce que les éléments amphiboliques de ces roches vertes ont été formés aux dépens des calcaires magnésiens métamorphisés.

(***) *Loc. cit.*, p. 22 du tirage à part.

rêter brusquement pour buter contre des coulées d'andésite, qui forment là un grand et beau cirque, sur près de 100 mètres de hauteur, entre 200 et 300 mètres d'altitude.

Au sud du même village, le lit de la rivière est constamment dans la serpentine, ainsi que tout le massif à l'est et une étroite langue de terrain à l'ouest; toute la hauteur des collines, à l'ouest, est, au contraire, composée de coulées d'andésite.

A l'est de cette masse serpentineuse, on observe également des contacts, parfois très brusques, avec le calcaire marbre: ainsi, au mont Olympe, sommet de marbre blanc, qui présente, sur les 100 derniers mètres du côté ouest, une falaise presque verticale, dominant le plateau serpentineux; et à l'est de Drota, où le contact est également fort abrupt entre le marbre et la serpentine; mais il peut, à la rigueur, n'y avoir là qu'une conséquence des pendages, généralement très redressés, que l'on observe dans tous les terrains anciens de l'île.

Pétrographiquement, les péridotites du cap Maléa et de Tschamlik se composent à peu près uniquement de péridot et d'enstatite, cette dernière passant souvent à la bastite, dont la décomposition donne de la serpentine et du chrysotile (8 à 17, 121 à 123, 132 à 134, 143 à 148) (*). Quelques échantillons renferment du diallage et probablement du pyroxène. Comme corps accessoires, on a de la picotite, du fer oligiste, parfois du fer chromé et de l'opale (à Hagios Demetrios au nord de l'Olympe, 153 à 157).

L'analyse chimique d'une serpentine de Drota (143) nous a donné les résultats suivants:

(*) Nous avons représenté autrefois (*loc. cit.*, *fig.* 7) une serpentine de San Marino (cap Maléa) (132) vue en plaque mince.

Silice	38,70
Alumine	3,87
Protoxyde de fer	6,52
Magnésie	36,50
Chaux et alcalis	»
Perte au feu	13,80
	99,39

La transformation de la péridotite en serpentine est plus ou moins complète suivant les points.

5° **Roches éruptives tertiaires. —Tufs et conglomérats associés.** — L'étude pétrographique des roches éruptives tertiaires de Mételin formait l'objet principal de notre premier mémoire ; nous passerons, au contraire, ici assez rapidement sur leur description minéralogique (*) ; mais, sur leurs rapports réciproques, sur leur disposition d'ensemble et sur leur mode de formation, nous avons à compléter notablement ce que nous avons publié autrefois, en insistant particulièrement sur les résultats acquis qui peuvent présenter un intérêt général.

Les types pétrographiques principaux sont, en allant du plus acide au plus basique (ce qui parait correspondre à peu près à l'ordre de succession de leurs coulées) :

A. *Trachytes rhyolithiques*, pouvant être eux-mêmes, soit à spérolithes pétrosiliceux, soit à sphérolithes d'orthose ; *Dacites* (**). — Ces roches sont accompagnées

(*) Pour tout ce qui est détails minéralogiques, nous renvoyons donc à notre ancien mémoire, dont nous avons gardé ici les dénominations. Nous avons cru devoir, un peu plus loin, intervertir l'ordre de succession admis autrefois pour les types G et H ; mais nous leur avons néanmoins laissé leur désignation pour permettre de se reporter plus aisément à la description donnée antérieurement.

(**) M. Fouqué, dans son mémoire sur les felsdpaths (1894), a décrit p. 315, une dacite à hornblende provenant de la chaîne qui borde le golfe de Kalloni (c'est-à-dire probablement de la région de Pyrra). Cette roche à microlithes de labrador est remarquable par ce fait exceptionnel que les grands cristaux y présentent une acidité supérieure à celle des microlithes. Il a également étudié une obsidienne trachytique contenant des grands cristaux d'andésine, sanidine, biotite et magnétite rare.

d'une abondance toute particulière d'obsidiennes ; mais on trouve également des obsidiennes avec les séries suivantes ;

B. *Trachyandésites à mica noir et hornblende ;*

C, D, E, F. *Andésites à mica noir, hornblende et augite, comprenant, suivant les cas, un ou deux seulement de ces trois minéraux ;*

H. *Andési-labradorites (parfois augitiques) à augite et mica noir ;*

G. *Andésites (parfois augitiques) à augite et péridot accessoire ;*

I. *Labradorites (souvent augitiques) à augite, mica noir et péridot accessoire ;*

K. *Basaltes labradoriques (labradorites augitiques à augite et péridot).*

Si l'on établit, avec l'île assez voisine de Samothraki, une assimilation, qui, d'ailleurs, n'est nullement forcée, les plus anciennes de ces roches seraient venues au jour après le nummulitique ; les dernières recoupent nettement les dépôts pontiens (*).

Pétrographiquement, la composition de ces diverses roches est exprimée par le tableau suivant, où, selon la convention ordinaire I, II, III, représentent les temps de consolidation successifs ; notamment : I, les grands cristaux ; II, les microlithes ; III, les produits secondaires. L'ordre, dans lequel nous énumérons les roches, paraît être également leur ordre de succession dans le temps.

A. *Trachytes à feldspath sphérolithique.*	I. Apatite, biotite, orthose, oligoclase, anorthose.
	II. Pâte vitreuse avec sphérolithes d'orthose à croix noire.

(*) Nous discuterons plus loin, p. 134, la question générale de l'âge de ces roches.

A'. *Trachytes rhyolithiques.*	I. Biotite, orthose, oligoclase, probablement anorthose, fer oxydulé. II. Pâte vitreuse avec sphérolithes calcédonieux à croix noire.
A". *Dacites.*	I. Quartz, apatite, sphène, biotite, labrador, augite, hornblende, fer oxydulé. II. Labrador, magnétite.
B. *Trachyandésites à mica noir et hornblende.*	I. Apatite, biotite, hornblende, oligoclase, labrador. II. Microlithes d'orthose et d'oligoclase, souvent dans une pâte vitreuse.
C, D, E, F. *Andésites à mica noir, hornblende et augite.*	I. Apatite, biotite, augite, hornblende, oligoclase, labrador, fer oxydulé. II. Microlithes d'oligoclase et rarement d'orthose. Parfois des microlithes de labrador apparaissent et préparent le passage au type H. La pâte est souvent vitrifiée. III. Chlorite, calcite.
H. *Andésilabradorites (parfois augitiques) à augite et mica noir.*	I. Apatite, phlogopite, augite, oligoclase, labrador, fer oxydulé. II. Microlithes d'oligoclase, labrador, augite.
I, G. *Labradorites, ou exceptionnellement andésites (souvent augitiques) à augite, mica noir et péridot accessoire.*	I. Apatite, mica noir, augite, olivine, oligoclase, labrador, bytownite, fer oxydulé. II. Microlithes de labrador, exceptionnellement d'oligoclase, augite rare, fer oxydulé.
K. *Basaltes labradoriques.*	I. Augite, olivine, labrador, fer oxydulé. II. Augite, labrador, fer oxydulé.

La classification adoptée dans ce tableau a été, suivant la méthode de MM. Fouqué et Michel Lévy, fondée sur le second temps de consolidation, c'est-à-dire sur la pâte, dont la nature caractérise mieux les roches que les grands cristaux isolés et irrégulièrement répartis du premier temps. Le rôle prédominant de cette pâte correspond, d'ailleurs, avec les résultats de l'analyse chimique que nous donnerons plus loin.

En parcourant ce tableau dans l'ordre où nous l'avons écrit, on voit d'abord la silice surabonder et s'isoler dans la pâte (rhyolithes, dacites), avec l'orthose en sphérolithes ou en microlithes; puis ces microlithes d'orthose passent à l'oligoclase (andésites), et enfin au labrador (labradorites). Comme il était logique de le prévoir, les obsidiennes présentent, avec les trachytes rhyolithiques, une abondance toute particulière.

En même temps que la basicité des éléments feldspathiques de la pâte s'accroît ainsi, on voit s'y développer l'augite microlithique et, d'autre part, les grands cristaux augmentent, de leur côté, de basicité. Cela est marqué par la nature du feldspath, qui est d'abord de l'orthose ou de l'oligoclase, puis du labrador, et enfin de la bytownite, le feldspath de première consolidation étant généralement, suivant une remarque de M. Fouqué, plus basique que le feldspath microlithique. Cela se marque également par l'apparition, d'abord de l'augite, puis de l'olivine dans les grands cristaux. Quand on arrive aux labradorites, l'olivine a toujours une tendance marquée à se développer.

Il nous paraît y avoir, en résumé, trois grandes coupures à établir dans ces roches : la première catégorie, remarquable par la présence de la silice libre dans la pâte ; la dernière, par l'apparition de l'olivine ; et la seconde comprenant tous les types intermédiaires, où l'abondance relative des trois éléments : biotite, hornblende et augite, peut tenir seulement à la composition chimique des terrains absorbés par la roche en ignition, refondus et recristallisés.

Comme caractère assez général, à Mételin, on peut remarquer une abondance particulière du mica noir dans la plupart de ces roches.

L'analyse chimique va confirmer les résultats de l'étude pétrographique.

Analyses chimiques des roches tertiaires de Mételin.

	1	2	3	4	5	6	7	8
Silice	68,00	66,70	66,00	61,00	61,40	60,50	51,20	53,70
Alumine	18,50	18,30	17,30	20,80	21,30	22,10	22,80	22,40
Sesquioxyde de fer	2,44	2,12	2,31	4,37	4,28	4,58	5,12	6,50
Chaux	0,71	0,00	0,71	4,50	3,67	3,90	8,75	7,52
Magnésie	traces	0,50	0,60	2,56	2,24	1,67	2,32	3,05
Potasse	4,80	5,14	5,17	2,15	2,55	3,33	2,39	2,96
Soude	4,28	3,10	2,22	3,27	3,11	2,74	2,38	2,41
Perte au feu	1,40	3,80	6,20	2,30	2,40	1,70	5,70	2,10
	100,13	99,66	100,61	100,95	100,95	100,52	100,66	100,64

1. Éch. 40. — Trachyte rhyolithique des environs d'Hagia Paraskévi : type A' (représenté autrefois *fig.* 2).

2. Éch. 46. — Obsidienne noire à trychites et à structure perlitique, avec chapelets de tridymite, d'Hagia Paraskévi (représentée autrefois *fig.* 1).

3. Éch. 19. — Obsidienne noire de la ferme Pyrra.

4. Éch. 80. — Trachyandésite rose à mica noir hexagonal et hornblende, à l'ouest de Mesotopos : type B (représentée autrefois *fig.* 6).

5. Éch. 87. — Trachyandésite gris de fer compacte à augite et hornblende, entre Pithari et Chychera : type F (représentée autrefois *fig.* 4).

6. Éch. 38. — Andésilabradorite brune à pyroxène et mica noir d'Hagia Paraskévi : type H (représentée autrefois *fig.* 5).

7. Éch. 116. — Andésilabradorite augitique à pyroxène et olivine, près de Stipsis : type G.

8. Éch. 103. — Basalte. Labradorite augitique à labrador, pyroxène et olivine à l'est de Molyvo : type K (représentée autrefois *fig.* 8).

Ce tableau montre, en effet, une décroissance marquée de la teneur en silice quand on passe des trachytes rhyolithiques et obsidiennes connexes aux trachyandésites, puis aux andésilabradorites à pyroxène et mica noir, et enfin aux roches à olivine. Cette teneur tombe de 68 à 51, tandis que la teneur en magnésie monte depuis des traces jusqu'à 3,05, et celle en chaux de 0,71 à 7,52.

Les obsidiennes de Mételin, dont nous avons donné autrefois plusieurs analyses (*), présentent des teneurs en silice variables depuis 73 jusqu'à 58 p. 100, suivant qu'elles se relient à des rhyolithes, des trachytes, des andésites ou des labradorites.

1	2	3	4	5	6	7	8
73	68,10	67,50	66,70	66,60	66,60	64,00	58,30

1. Obsidienne rose compacte de Polichnitos (éch. 150).
2. Obsidienne noire perlitique d'Hagia Paraskévi (éch. 46).
3. Obsidienne rose violacée avec cristallites de dévitrification, au nord de Pyrra, avant la rivière Mesa (éch. 20).
4. Obsidienne noire de Pyrra (éch. 19). Une autre analyse de la même roche a donné seulement 65 p. 100 de silice.
5. Obsidienne rose de Pyrra (éch. 18).
6. Obsidienne blanche d'Hagia Paraskévi présentant l'aspect d'un grès friable (éch. 34).
7. Obsidienne d'Hagia Paraskévi (éch. 33).
8. Obsidienne rouge d'Hagia Paraskévi à aspect de cinérite (éch. 37).

Ces obsidiennes contiennent, dans une pâte vitreuse avec sphérolithes, trychites, cristallites, etc..., des cristaux d'hornblende, augite, mica noir et feldspaths divers, comme les roches dont elles dérivent.

L'ordre de succession supposé dans le tableau précédent a été établi, en dehors de toute idée théorique pré-

(*) *Loc. cit.*, p. 7. Dans le même mémoire, p. 4, nous avons reproduit trois analyses de von Hauer, qui se rapportent à des roches trop mal définies, aussi bien géographiquement que pétrographiquement, pour que nous puissions essayer d'en tirer parti.

conçue, par une série de coupes de détail que nous avons publiées autrefois (*) et dont les plus intéressantes s'observent aux environs d'Hagia Paraskévi, vers Parakila, près de Stipsis, à l'ouest du village Vourkos, etc. Il semble donc prouver une décroissance graduelle et continue de l'acidité des magmas avec le temps.

Quant à la répartition de ces roches dans l'ile, elle est mise en évidence par la carte ci-jointe (Pl. II).

Comme on le voit immédiatement, la disposition générale des roches tertiaires garde quelque chose de la direction N.N.E-S.S.O., si caractéristique pour les terrains anciens de l'ile.

Cela est particulièrement marqué pour les roches les plus acides (trachytes rhyolithiques, dacites, obsidiennes très siliceuses, etc.), qui forment une traînée discontinue de Mandamado à Hagia Paraskévi et Pyrra, et pour les plus basiques, comme les labradorites, qui présentent deux alignements principaux : l'un à l'ouest de Molyvo, à Petras, Philia, Vatoussa et Parakila ; l'autre, à l'est, aux environs de Mételin. L'allure en coulées de la plupart de ces roches ne permet pas, bien entendu, de chercher une précision plus grande. Il est probable que les anciennes lignes de plissement de l'écorce ont déterminé, au moment des éruptions tertiaires, la direction dominante des zones de moindre résistance, que ces roches ont suivies.

Nous avons déjà dit que, d'après Tchihatcheff, cette grande masse éruptive tertiaire de Mételin se prolongeait en Troade, avec la même dissertion.

Entrons maintenant dans quelques détails sur le gisement de ces roches.

Si nous prenons d'abord les *trachytes rhyolithiques*, on peut les étudier tout particulièrement près de Pyrra et

(*) *Loc. cit.*, p. 23 à 25.

sur le chemin de Pyrra à Hagia Paraskévi (23, 30, 40).

On remarque là une association très intime avec les *obsidiennes*, qui offrent en ce point une abondance spéciale (18 à 22, 25 à 29), tandis qu'elles sont plus rares dans les autres régions de l'île. Il ne faudrait pas toutefois généraliser cette notion ; car, aux environs de Parakila, on trouve également des obsidiennes accompagnant des labradorites, que leur degré de basicité rapproche des basaltes (53, 56) ; on en voit, près d'Agra, à l'Orthymnos ou à Hagia Paraskévi (84, 34, 37), avec des andésites, etc., et l'analyse montre, en effet, que, dans ces dernières obsidiennes, la teneur en silice tombe à 58 p. 100 ; mais, nulle part, ces roches ne forment d'aussi belles coulées qu'à Pyrra, Hagia Paraskévi et Mandamado, où elles alternent avec des trachytes rhyolithiques.

Aux environs de Pyrra, les bancs bien horizontaux de trachyte rhyolithique sont intercalés au milieu d'obsidiennes ; les deux roches passent souvent de l'une à l'autre et présentent des aspects comparables : pâte vitrifiée et luisante noire, rouge ou blanche ; parfois sorte de sable vitreux blanchâtre, etc.

Ces mêmes alternances se retrouvent à Hagia Paraskévi, à la base de coulées andésitiques moins acides, qui présentent également des intercalations d'obsidiennes et de cinérites.

Les *andésites* et leurs *tufs*, ou *conglomérats*, occupent près de la moitié de l'île et constituent notamment tout le mont Lepethymnos, ainsi que le sommet du mont Orthymnos. On en retrouve des pointements isolés dans le massif primaire de l'est. De ce côté, l'alignement éruptif, qui suit le rivage de Kydona à Mételin, est particulièrement intéressant à signaler ; car il concorde avec l'allure des dépôts pontiens pour montrer que la côte Est de l'île doit être le résultat d'une fracture récente.

L'aspect extérieur de ces andésites est très variable ;

cependant il existe un type particulièrement fréquent, c'est celui d'une roche rugueuse grise ou rosée, avec cristaux de mica noir hexagonaux, et souvent cristaux vitreux de sanidine.

Généralement, les andésites sont moins compactes et moins foncées que les labradorites; celles-ci, au contraire, se rapprochent fréquemment du type basaltique.

Dans la région de Parakila et Vatoussa, où se trouvent les grandes coulées de *labradorites*, on observe fréquemment, dans le même banc, le mélange des types distingués plus haut par les dénominations de H, G et I: ces divers types étant caractérisés par la persistance du mica noir, bien que l'olivine apparaisse déjà, et se séparant par là des basaltes; en outre, G et H contenant encore des microlithes d'oligoclase, à côté de ceux de labrador, qui existent seuls dans le type I.

Ces diverses roches éruptives se présentent, le plus généralement, en forme de coulées, dont certaines vallées permettent d'étudier les nappes successives, alternant avec des cinérites, des brèches, des conglomérats, etc. Les coulées d'andésite des environs d'Hagia Paraskévi et du plateau du Tirana, celles de Vourkos forment de beaux cirques d'un remarquable effet pittoresque. Celles de labradorite de Parakila (mont Omala et mont Issa) sont également des plus nettes, ainsi que celles de trachyte rhyolithique et d'obsidienne au nord de Pyrra, sur le golfe de Kalloni. Nous avons noté, sur notre carte, les directions assez variables de leurs plongements.

Mais, à côté de l'allure en coulées, on trouve aussi l'allure en dykes et filons, qui paraît cependant relativement plus fréquente pour les termes les plus récents et les plus basiques, tels que les basaltes et autres labradorites, que pour les andésites.

Parmi les andésites en dykes on peut signaler, comme particulièrement caractéristiques, le sommet du mont

Orthymnos et un point au sud du mont Lepethymnos, entre Giela et Ypsilometopon.

Le sommet du mont Orthymnos, sur lequel se trouve le monastère Saint-Jean, offre un aspect très remarquable (*fig.* 1).

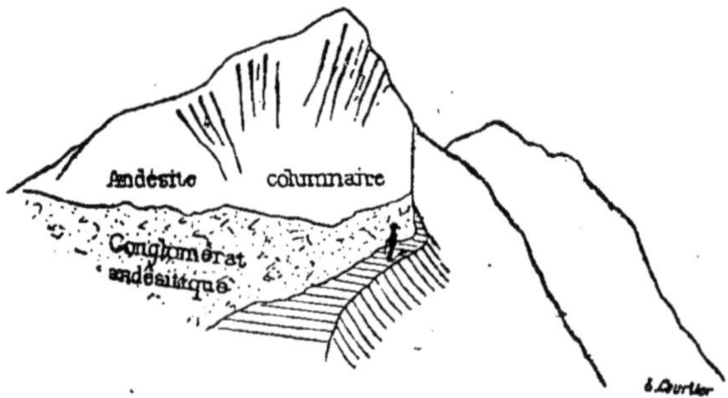

Fig. 1. — Croquis de l'arrivée au sommet du mont Orthymnos.

Tout le pays avoisinant, extrêmement nu et désolé, est, en effet, formé de grandes strates de conglomérats (avec très nombreux bois silicifiés), plongeant, d'une façon générale, dans tous les sens à partir du pic comme centre. Le pic lui-même émerge de ces conglomérats, depuis la cote 450 jusqu'à la cote 525, sous la forme d'une pointe très escarpée d'andésite columnaire, prenant facilement par l'érosion un aspect déchiqueté, que nous retrouverons très habituellement dans l'île de Lemnos. C'est là une andésite à mica noir et hornblende (type C), passant souvent à l'obsidienne (81).

A l'ouest du monastère de Pithari, on voit également le calcaire métamorphique recoupé par des intrusions andésitiques.

Entre Giela et Ypsilometopon, l'aspect est très analogue à celui du mont Orthymnos (*fig.* 2). L'andésite à mica noir, hornblende et augite (type E, éch. 112), présente l'apparence d'une série de colonnes, ou plutôt de tables redressées verticalement et dirigées à peu près perpendiculairement à l'axe orographique de la montagne.

On doit également considérer comme dykes trachytiques plusieurs des pointements isolés situés dans le massif primaire de l'est (*). Sans multiplier ces exemples, nous signalerons seulement encore quelques cas de dykes et filons relatifs aux types de roches plus basiques.

FIG. 2. — Rochers d'andésites entre Giela et Ypsilometopon.

Au sud de Stipsis, les andésites augitiques à pyroxène, hornblende et peut-être olivine (type G, 116), paraissent former des filons dans l'andésite ordinaire à mica noir (type B).

De même, le basalte affecte fréquemment la forme filonienne.

Ainsi, un peu au sud de Mételin, on en voit un pointement recoupant le tertiaire très redressé. Les pointements qu'on rencontre au nord de la ville, notamment à Pamfila, paraissent dans les mêmes conditions.

Citons encore les pointements basaltiques des environs de Molyvo, celui qui constitue un rocher isolé au sud de Pétras, ou encore celui qui est situé sur la côte, à l'est de la ville. Ce dernier, notamment, forme, au milieu des conglomérats andésitiques, un filon particulièrement net, dont la position sur une ligne de fracture qu'a dû

(*) Cependant il existe aussi des coulées dans cette région (nord de Mistegna, etc.).

suivre le rivage est, en outre, confirmée par l'existence, au voisinage, de nombreuses veines d'hématite, parfois cuprifère, avec silice ou calcite, et d'une source chaude.

Comme nous avons déjà eu l'occasion de le dire, les roches éruptives tertiaires, et spécialement les andésites, sont accompagnées de très importantes formations de tufs, conglomérats et brèches, présentant le plus souvent une allure nettement stratifiée (*). Notre carte, sur laquelle nous avons teinté en conglomérats toutes les régions où ces terrains dominent, bien que mélangés parfois de roches éruptives proprement dites, en montre suffisamment le développement. On trouve, en outre, intercalés au milieu des coulées éruptives, par exemple vers Hagia Paraskévi, des bancs de cinérite à grain fin ou de brèche.

Il parait bien possible que, dans les deux cas, on ait souvent affaire à des projections éruptives de fragments, plus ou moins brisés, plus ou moins pulvérisés, ressoudés et agglomérés par les précipitations aqueuses qui accompagnent toujours si abondamment les phénomènes volcaniques.

Il est probable, en outre, que de véritable lacs ont dû exister dès cette époque, et qu'il s'y sera produit une réelle sédimentation de ces éléments, comme semblent le montrer parfois leurs strates si régulières : peut-être même, comme on l'a supposé souvent en des cas semblables, où ces tufs alternaient avec des sédiments, que les éruptions ont été sous-lacustres.

Ces conglomérats présentent des blocs de toutes dimen-

(*) Nous reviendrons, plus loin, sur l'étude générale de ces conglomérats dans les régions Egéennes. Le cas des brèches associées aux dykes andésitiques nettement éruptifs de Lemnos et le caractère anguleux de la plupart des blocs qui les constituent semblent bien montrer qu'il y a, dans leur formation, autre chose qu'une sédimentation proprement dite : peut-être un cas complexe d'éruption sous-marine ou sous-lacustre.

sions, généralement anguleux (ce qui exclut l'idée d'un remaniement prolongé par les eaux) et ressoudés par une pâte cinéritique.

Les troncs de bois silicifiés sont très abondants autour du mont Orthymnos et dans l'îlot de Sigri. D'après M. Fliche, qui a bien voulu examiner nos échantillons, ce seraient surtout des *Cedroxylon* (bois qui forment également la majorité du gisement de lignite pontien de la pointe Orthymnos) et des *Pityoxylon*.

Les couches de conglomérats de la région du mont Orthymnos ont, vers l'ouest et le sud, un plongement très accentué à partir de la montagne qui en forme le centre apparent. Si nous remarquons que le sommet de cette montagne paraît présenter un dyke éruptif et que c'est encore aujourd'hui l'origine de mouvements sismiques, il paraîtra vraisemblable qu'elle a joué un rôle particulier dans les manifestations volcaniques de Mételin.

Dans les régions voisines de Mételin, de semblables formations de tufs et de conglomérats trachytiques ne sont pas rares, et Tchihatcheff en a signalé notamment la grande abondance en Troade, précisément sur le prolongement des roches de Mételin. Il considère certains de ces tufs comme très récents, ainsi que l'indique la présence, dans certains d'entre eux, de diatomées lacustres appartenant en majorité à des espèces encore vivantes et conclut, de leur allure souvent très inclinée, l'existence de mouvements du sol récents dans ces régions Égéennes (*). Il a retrouvé, d'ailleurs, comme nous (**), notamment près de Pergame, des alternances constantes de ces tufs avec les trachytes proprement dits.

Sur la côte sud-est de la mer de Marmara, von Andrian décrit des brèches analogues contenant des blocs énormes

(*) *Asie Mineure*, I, 47.
(**) I, 44, 59, etc.

pêle-mêle avec de tout petits, tantôt absolument anguleux, tantôt prenant un caractère plus sédimentaire.

Viquesnel en a observé de grandes étendues en Turquie d'Europe, où leurs strates alternent parfois avec le nummulitique.

Enfin, au sud, à Kos et dans l'ilot voisin de Yali, nous verrons plus loin des tufs rhyolithiques analogues superposés au sicilien et rattachés hypothétiquement, par Neumayr, au quaternaire.

6° **Produits minéraux utiles et sources thermales.** — L'île de Mételin ne renferme pas de richesses minérales importantes.

Cependant, nous citerons : des veines de quartz à stibine dans le micaschiste, au nord de Skopelo ; des amas de fer chromé, avec calcédoine et chrysotile, dans la serpentine, entre le mont Olympe et Keramia ; des mouches de cuivre à l'est de Molyvo, entre Parakila et Vatoussa, au nord de Mistegna. Il existe quelques amas de scories ferrugineuses, à l'ouest de Potamos de Plumari et à Asomatos, près Mesotopos.

L'alun seul, résultat manifeste de l'altération des andésites, a donné lieu à des travaux d'exploitation près de Stipsis, entre Agra et Mesotopos, au nord de Parakila et près de Chydera.

Enfin des sources thermales chlorurées sodiques existent en plusieurs points, surtout sur les côtes de l'île : au nord de Mételin, à Thermi, à l'est de Molyvo, à Polichnitos, au fond du golfe Iéro, etc... Voici les analyses des deux principales :

	THERMI. Source à 50°	POLICHNITOS. Source à 85°
Extrait sec à 180°	35gr,2000	11gr,00
NaCl	27,2170	8,6890
MgCl	2,9980	0,4280
CaCl	0,9170	0,8820
KCl	0,7830	0,2710
LiCl	traces sensibles	traces sensibles
HS	»	0,0017
SiO^2	0,0370	0,0760
Fe^2O^3	0,0080	0,0036
$CaO,2CO^2$	0,3092	0,3370
$CaOSO^3$	3,0005	0,4010
	35,2697	11,0893

Les sources de Polichnitos, qui sortent d'une obsidienne très siliceuse, à 73 p. 100 de silice, présentent une abondance et une activité des plus remarquables; elles peuvent être rapprochées des curieuses sources chaudes jaillissantes de Tuzla, situées dans la même région, un peu plus au nord, en Troade (*).

II. — GÉOLOGIE DE LEMNOS.

Comme nous l'avons rappelé plus haut, la géologie de l'île de Lemnos était absolument inconnue quand nous l'avons abordée en septembre 1894 (**). Les observations

(*) Voir plus loin, p. 95.

(**) Spratt et Viquesnel ont seulement signalé, à Lemnos, des couches levantines, que Neumayr affirme également y avoir vues (Denkschr. der K. Ak. der Wissensch., Wien, 1880, t XL, p. 222) et qui, d'après l'ouvrage de M. Suess (où cette indication se trouve reproduite) prolongeraient celles indiquées par von Hochstetter dans le nord de la presqu'île de Gallipoli et de la mer de Marmara. Il n'y avait là, sans doute, pour eux, qu'une hypothèse théorique, non justifiée, en réalité, par les faits. Nous avons déjà publié, sur Lemnos, quelques notes succinctes dans *la Revue archéologique* et *l'Annuaire du Club Alpin* de 1895.

faites pendant notre séjour ont servi à établir la carte ci-jointe (Pl. III).

Cette île, située dans la mer de Thrace, environ à moitié chemin entre la presqu'île du mont Athos et la Troade, a la forme d'un rectangle allongé dans le sens est-ouest, d'environ 25 kilomètres de long sur 18 de large, rectangle fortement échancré et presque coupé en deux îles distinctes par deux profondes baies nord-sud, celle de Moudros partant du sud et celle de Pournia, du nord, que sépare seulement un isthme d'environ 3 kilomètres de large (*fig.* 3).

Sa géologie est constituée par deux catégories de terrains principales :

1° On y trouve, avec un grand développement, des couches sédimentaires gréseuses et schisteuses à teinte sombre allant du brun au vert et accompagnées de quelques poudingues. Ces couches, très riches en empreintes végétales carbonisées, malheureusement indéterminables et où nous n'avons découvert aucun autre organisme caractéristique, représentent, sans doute, une formation de lac ou d'estuaire peu profond, peut-être un retour des eaux sur un sol antérieurement émergé, et nous les rattachons, d'une façon tout hypothétique, au flysch supracrétacé, qui se présente, avec un faciès analogue, dans toutes ces régions, en Eubée, dans le Péloponèse, en Crète, à Rhodes, etc. Peut-être aussi prolongent-elles, par l'intermédiaire de l'île d'Imbros, où nous savons que l'on a exploité des lignites [correspondant à une accumulation plus marquée de débris végétaux analogues (?)], la zone de terrains éocènes connus au nord de la mer de Marmara.

2° Les roches éruptives tertiaires, dacites, trachyandésites, andésites quartzifiées et andésites augitiques, forment, au milieu de ces grès et schistes qu'elles recoupent, une série de dykes et de massifs très importants, avec accompagne-

Fig 3. — ILE DE LEMNOS

Dressée d'après L'AMIRAUTÉ ANGLAISE, avec les rectifications de L. DE LAUNAY, 1894

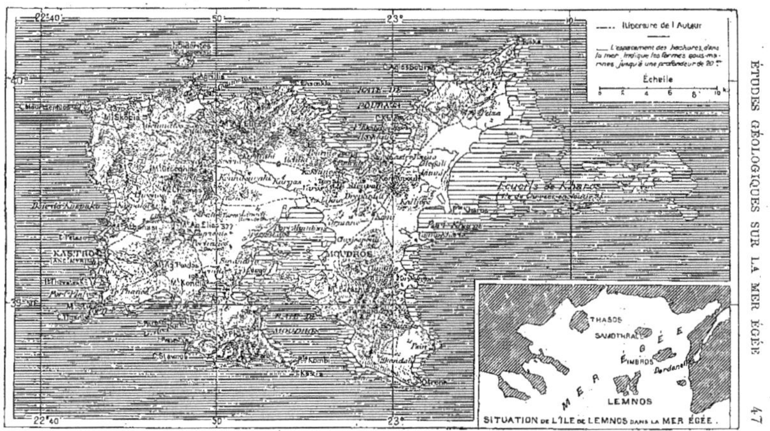

Dressée par V. Huot

Comm. par le Club Alpin.

ment de brèches anguleuses, mais, en général, sans trace de coulées.

3° En dehors de ces deux groupes de terrain, nous aurons seulement quelques mots à dire de formations récentes ou superficielles.

Les terrains sédimentaires sont, dans leur ensemble, assez notablement plissés et présentent une série de zones, plus ou moins troublées dans le détail par les intrusions trachytiques, dont la direction principale est est-ouest, légèrement N.E.-S.O. Notre carte (Pl. III) indique une série de directions locales, avec un essai de raccordement des plis en zones anticlinales et synclinales (*). Comme on peut le voir, les intrusions trachytiques ont, jusqu'à un certain point, profité des zones faibles créées, dans l'écorce superficielle, par le plissement des sédiments, et leurs bords épousent souvent la direction des strates voisines. Mais, pris dans l'ensemble, les massifs éruptifs apparaissent très irrégulièrement disposés au milieu des terrains, sans affecter une relation spéciale, soit avec les anticlinaux, soit avec les synclinaux. C'est ce que fait ressortir notamment l'allure, relativement concordante, des deux massifs principaux de ces roches : l'un au nord, entre Koundouraki et Chrysopouli ; l'autre au sud, partant de Kaspaka et Kastro, englobant le mont Hagios Elias et l'Hagios Pavlos, pour aller, par la presqu'île de Phako, vers Moudros et le cap Voroskopo.

Il est possible qu'une chaîne sous-marine, amorcée à l'est de Lemnos par les écueils de Kharès, rattache cette île à Imbros ; mais l'absence complète de renseignements

---

(*) L'existence, en deux points voisins, de deux plongements en sens inverse nécessite, entre les deux, la présence d'un accident, pli ou faille. Nos lignes de plissements, tracées d'après ce principe, peuvent sembler localement différer des directions de couches ; mais ces anomalies tiennent, en grande partie, à ce que nous ne publions qu'un schéma à très petite échelle.

géologiques sur Imbros ne nous permet pas d'en tirer aucune conclusion.

L'inspection de notre carte géologique de la mer Égée (Pl. I) semble, au contraire, mettre en évidence un alignement de pointements trachytiques N.E.-S.O., c'est-à-dire parallèle à celui de Métolin et de la Troade, qui irait, transversalement aux directions topographiques résultant des chaines anciennes, rejoindre les roches tertiaires de Lemnos à celles de Samothraki et des bords de la Maritza. Bien que les masses trachytiques de Lemnos ne paraissent pas prendre cette direction au sortir de l'ile, nous ne croyons pas que ce soit là une objection ; car il est impossible de savoir quelles sont les sinuosités des pointements éruptifs dans la dépression sous-marine qui sépare ces îles.

Vers le sud-ouest, l'incertitude est encore plus grande ; la topographie sous-marine parait prolonger Lemnos par un haut-fond comprenant deux chaines d'ilots principales : d'une part, Giura, Kyra Panagia, Chiliadromia, Skopelos et Skiathos, qui, d'après Philippson, sont formées de crétacé reposant sur une base de terrains primaires ; d'autre part, Hagio Strati (inconnu) et Skyros, formé, d'après Philippson, de primaire et de crétacé. Dans cette dernière direction seulement, le pointement tertiaire de Koumi, dans l'Eubée, pourrait prolonger ceux de Lemnos et de Samothraki, suivant un axe N.-E. parallèle à celui de la Troade et de Mételin.

Nous décrirons à Lemnos : 1° les terrains sédimentaires ; 2° les roches éruptives tertiaires.

1° **Terrains sédimentaires.** — Les terrains sédimentaires, composés exclusivement de grès, grauwackes, poudingues et schistes, sans calcaire (*), occupent plus des deux tiers

(*) Dans la seule région de Skandali, à l'est de l'île, nous avons trouvé quelques traces de grès calcarifères.

de l'île, notamment tout le nord, ainsi que l'extrémité sud des promontoires du mont Phako et du cap Irène.

Ils portent souvent la trace d'un métamorphisme attribuable à l'intrusion de très nombreux dykes de trachytes, et leurs teintes, généralement sombres, allant du brun au vert, l'aspect souvent fort compact des grès à grain fin, l'absence complète de toute trace organisée, autre que des végétaux à peu près méconnaissables, tout, jusqu'aux plongements très accentués de ces couches bouleversées, rappelle plutôt, au premier abord, ce que nous avons l'habitude de voir en France, dans les régions de terrains primaires, que dans les bassins crétacés ou tertiaires (*). Il ne s'agit là, bien entendu, aucunement d'en tirer une induction sur l'âge de ces couches, que nous pencherions, au contraire, d'après divers indices, à considérer comme crétacées supérieures (ou peut-être éocènes), mais de faire connaître leur apparence extérieure. Peu après notre voyage à Lemnos, nous nous sommes trouvé rencontrer un point de comparaison inattendu dans les terrains du Karoo, en Afrique Australe, qui présentent, avec ceux de Lemnos, une analogie de faciès, encore accentuée par une semblable dénudation. Et, si nous indiquons ce rapprochement un peu fortuit, c'est que nous serions porté à attribuer aux grès et schistes de Lemnos une origine analogue à celle des dépôts sud-africains, c'est-à-dire une sédimentation prolongée dans de larges estuaires peu profonds, sur les bords desquels croissait la végétation, dont les débris se retrouvent au milieu des couches.

Il est probable que des terrains analogues doivent exister en d'autres points de la mer Égée; et nous croyons, en effet, en avoir rencontré quelques traces en lisant les des-

(*) On peut, dans le même ordre d'idées, remarquer une certaine analogie, tout extérieure, avec les terrains anciens, probablement carbonifères et permiens, de Chios (Voir plus loin, p. 99).

criptions des écrivains antérieurs, notamment dans l'Eubée, à la crête des Cynoscephales en Thessalie, dans le Péloponèse, etc. Dans le centre de l'Eubée, M. Teller a trouvé, sous le turonien à *Hippurites cornuvaccinum*, des grès, grauwackes et schistes sans aucun fossile ressemblant, selon lui, aux couches du flysch (*macigno*) (*). A Suletsch, près des Cynoscephales, le même géologue a décrit des alternances de schistes et grès semblables dans le crétacé. Plus au sud, en Péloponèse, selon Philippson, un flysch analogue renfermerait des intercalations de calcaires à nummulites éocènes (**). En Crète, à Rhodes, en Syrie, le flysch surmonte également les calcaires crétacés-éocènes, c'est-à-dire que, dans cette zone sud, sa formation serait un peu plus récente. Si cette assimilation hypothétique des terrains de Lemnos au flysch de l'Eubée ou de a Thessalie se trouvait confirmée par d'autres observations, on pourrait en conclure l'existence, dans cette région, d'une ancienne dépression supracrétacée, rejoignant le centre de l'Eubée à Lemnos, tout à fait parallèlement au remarquable affaissement topographique que marquent, un peu plus au nord, les dépressions marines.

Vers l'est, en Bithynie, le crétacé des environs d'Ismid est, d'après Tchichatcheff, formé de grès rouges ou noirs, marnes bleuâtres ou schistes marneux, calcaires blancs, etc. Mais, en s'éloignant plus à l'est, aux environs du bassin carbonifère d'Eregli, on trouve des grès

---

(*) Nous n'avons pas besoin de rappeler qu'on appelle *flysch* un ensemble de schistes et grès schisteux à empreintes d'algues (fucoïdes, etc.), dont les bancs de grès à ciment calcaire prennent le nom de *Macigno*. Cet ensemble est éocène dans les Alpes, éogène dans le nord des Carpathes, éocène et cénomanien en Roumanie, mais descend au supracrétacé dans l'est, à partir de la Bosnie.

(**) PHILIPPSON, *Der Peloponnes*, p. 404. Il conviendrait peut-être de vérifier attentivement s'il s'agit bien de formes éocènes, et même s'il n'y a pas eu confusion avec d'autres foraminifères.

compacts et durs, à grain très fin, renfermant beaucoup de graminées et d'autres plantes monocotylédonées plus ou moins carbonisées (*), avec *Inoceramus Lamarckii*, Brongn.; *Terebratula disparilis*, d'Orb.; *Pecten quadricostatus*, Sow. Ces grès, qui alternent avec des marnes et des poudingues, pourraient également être rapprochés de ceux de Lemnos. Peut-être Imbros, île sur laquelle nous ne possédons encore aucune notion sérieuse, fournira-t-elle plus tard la clef du problème.

Pour préciser la nature de ces sédiments, nous allons en donner quelques coupes. Les meilleures peuvent être observées dans le nord-ouest de l'île; car les terrains sédimentaires forment, de ce côté, des montagnes, ou plutôt de grands plateaux, de près de 500 mètres d'altitude (470 au mont Skopia), qu'entaillent très profondément des ravins découpés par l'érosion, sur le flanc des-

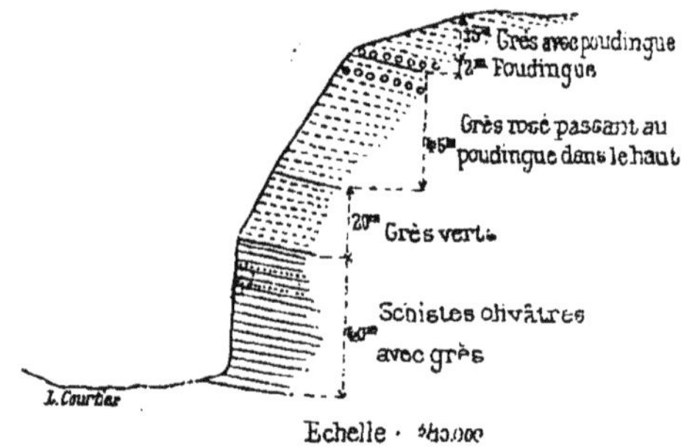

Fig. 4. — Coupe Est-Ouest du ravin au Nord de Kaspaka.

quels on a parfois de véritables falaises. Nous citerons, parmi les points où ces coupes naturelles sont le mieux développées : le flanc nord, très abrupt, du mont Skopia, où des ravins très courts et très escarpés se dressent

(*) *Asie Mineure*, II, 72. On verra plus loin que les grès de Lemnos renferment des végétaux semblables.

directement au-dessus de la mer, et la grande vallée nord-sud très caractéristique (non marquée sur la carte anglaise), qui, au nord de Kaspaka, se dirige vers Goumatos.

Sur le flanc est de cette dernière vallée desséchée, on a une véritable falaise de plus de 100 mètres de haut, qui offre la coupe suivante de haut en bas (*fig.* 4) :

1. Grès rosés et verdâtres, avec débris de plantes et tubulures en relief, semblables à des traces de vers; ces terrains sont coupés en pente douce et contiennent quelques bancs de poudingue intercalés..	15 mètres
2. Poudingue à gros éléments formant la crête du plateau (galets de quartz et d'un grès pareil à celui du terrain lui-même)...........................	2 mètres
3. Grès rosé (semblable au 1), avec débris de plantes nombreux, ayant dû être roulés et ballotés par les eaux......................................	45 mètres
4. Grès vert à grain plus ou moins fin, alternant avec des schistes verdâtres..........................	20 mètres
5. Schistes marneux olivâtres, ou passant au noir, avec quelques bancs de grès quartzeux gris dans la partie haute..............................	40 mètres

On peut remarquer, dans cette coupe, que les terrains ont des éléments de plus en plus grossiers à mesure que l'on s'élève, c'est-à-dire à mesure que le temps de la sédimentation s'est prolongé : on commence, à la base, par des argiles et l'on finit par des poudingues (2) ; nous noterons également la superposition des grès rosés (1 et 3) aux grès verts (4), sur laquelle nous aurons à revenir.

Tous ces terrains, qui, dans la région située au nord de Kaspaka, sont assez horizontaux, ont, au point où nous les considérons en ce moment, une légère pente vers l'est, et l'on peut y observer, en plusieurs endroits, des dykes de trachytes verticaux de 10 à 20 centimètres d'épaisseur, qui les recoupent nettement.

Nous donnerons, de suite, comme point de comparaison,

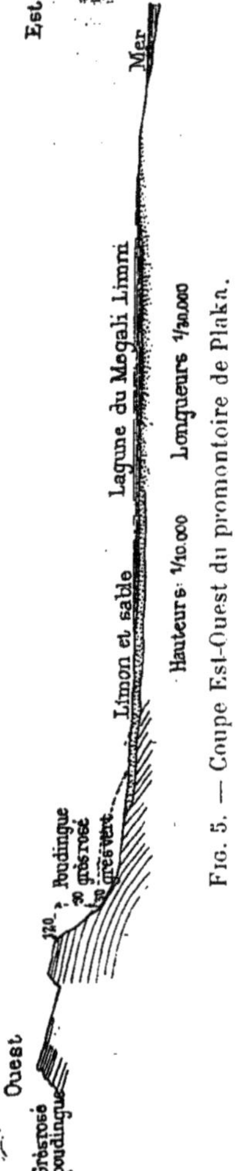

Fig. 5. — Coupe Est-Ouest du promontoire de Plaka.

une seconde coupe prise à l'autre extrémité de l'île, dans le nord-est, entre Kondopouli et Plaka, coupe très analogue comme on va le voir.

Le promontoire du cap Plaka, dirigé au nord-est, a, comme arête orographique, une chaîne de 130 à 150 mètres de haut, à l'est de laquelle s'étend une grande plaine basse, située presqu'au niveau de la mer et semée, par suite, de lagunes salées comme le Megali Limni, entre lesquelles se sont accumulés des limons ou des sables, dont nous reparlerons.

La *fig.* 5 donne la coupe transversale de cette crête et montre, là aussi, la superposition au grès vert mêlé de schistes argileux, qui forme le soubassement de la plaine, d'un grès rose mêlé de poudingues, constituant toutes les crêtes de cette région. On observe même là, entre les grès verts de la base redressés très verticalement et les grès roses du sommet inclinés seulement de 35° sur l'horizontale, une apparence de discordance, qu'une observation plus attentive fait disparaître. Cette coupe est la suivante :

1. Grès rose dur et corrodé irrégulièrement, de façon à apparaître à la surface avec un aspect cloisonné ; — ce grès contient plusieurs intercalations de poudingues à galets de quartz et de grès métamorphiques divers, sans roches éruptives............	15 mètres
2. Grès rosé, du même genre que 1, mais sans poudingues....................................	75 mètres
3. Grès verts, plus tendres, plus sableux que les grès roses, alternant avec des schistes marneux... plus de	20 mètres
	110 mètres

Ces coupes peuvent être complétées par nombre d'autres, prises notamment dans les falaises du cap Khloé à l'est de la baie de Pournia ou au sud du cap Phako, dans la colline de Kastrovouno près Kondopouli, etc. Elles montrent toujours la même superposition de grès rosés avec poudingues (retrouvés, par exemple, à Sardès, à la cote 230, au nord du mont Georghios) sur les grès verdâtres mêlés à des schistes. Ces derniers étant plus tendres, plus affouillables, occupent toujours le fond des vallons, tandis que les poudingues forment volontiers les crêtes.

D'une façon générale, ces terrains ont un aspect assez fortement métamorphique, qui semble cependant plus net dans l'ouest que dans l'est de l'île ; ils sont souvent très plissés et, surtout au voisinage des trachytes, qui les ont nettement traversés, comme nous le dirons, présentent des inclinaisons presque verticales.

Comme composition minéralogique, les grès contiennent surtout du quartz, avec de la chlorite et du mica noir ; très exceptionnellement, dans le promontoire du cap Irène, un peu de calcite.

Nous y avons cherché avec grand soin, mais sans aucun succès, quelque indice de faune qui pût servir à déterminer leur âge. Au contraire, les débris végétaux y sont très abondants, un peu dans toutes les parties de l'île, notamment au mont Stivi (promontoire de Tigani, au sud-ouest) (261, 262), dans le mont Phako, dans toutes les collines du promontoire de Plaka, etc. Dans les grès verts, ces débris, qui paraissent résulter d'un ballottage par les eaux et d'un dépôt dans un estuaire, sont très petits, mais très nombreux ; on y remarque, en particulier, des écailles de Conifères ; malheureusement nous n'avons pas rencontré de point où le grain de la roche fût assez fin pour avoir conservé quelque détail de forme ou de nervation caractéristique, et M. de Saporta, qui a bien voulu examiner nos échantillons, a cru seulement pouvoir nous dire que quelques-uns des fragments se rapportaient à des Monocotylédonées. Dans les grès roses, on trouve, au sud-ouest de Goutmatos (nord-est de l'île), des empreintes de grandes dimensions, notamment des feuilles lancéolées de 8 à 10 centimètres de long sur 2 de large, articulées sur une tige (267), et M. de Saporta, qui les a également étudiées, nous a écrit que l'un de ces échantillons pourrait, à la rigueur, représenter quelque tronçon de fronde de Palmier.

Dans ces conditions, nous ne pouvons donner aucune indication précise sur l'âge des terrains de Lemnos ; cependant quelques caractères pétrographiques du terrain, ainsi que le raccordement possible avec les terrains de régions voisines (*), nous conduisent, comme nous l'avons dit, à supposer qu'ils représentent une sorte de flysch et sont, soit supracrétacés, soit éocènes, en relation possible avec la grande transgression, qui, à la fin de l'époque crétacée, a ramené les eaux sur de si vastes étendues et qui, en

(*) C'est évidemment dans les terrains supérieurs du crétacé ou dans l'éocène qu'on rencontre le plus d'analogies. Mais les grès et schistes éocènes, que Tchihatcheff a observés en divers points d'Asie Mineure, sont toujours accompagnés de calcaire, de marnes et souvent de dépôts de gypse. L'analogie avec le flysch crétacé de l'Eubée ou de Thessalie et les grès crétacés à empreintes de plantes d'Erégli en Bithynie, proposée plus haut, nous paraît plus vraisemblable.

général, a été caractérisée par des dépôts gréseux, plus ou moins poudinguiformes, du même genre (*). La solution réelle de la question sera peut-être, comme nous l'indiquions plus haut, donnée un jour par l'étude de l'île d'Imbros, si voisine de celle de Lemnos et si visiblement en relation avec elle. Là, en effet, une Compagnie anglaise s'est fait concéder vers 1875 et a commencé à exploiter des lignites, qui pourraient quelquefois résulter d'une accumulation locale de débris végétaux semblables à ceux que l'on trouve disséminés à Lemnos. Il serait évidemment intéressant de vérifier si ces lignites sont en relation avec des grès semblables à ceux de Lemnos et s'ils ne contiennent pas quelque plante mieux caractérisée. Mais, en attendant cette confirmation, il va de soi que nous ne pouvons songer à établir un rapprochement avec les autres dépôts de lignite de la mer Égée, tels que ceux de Mételin, de l'Eubée, de l'Attique, décrits plus haut dans l'étage pontien (**), ou ceux que Tchihatcheff a signalés à Lapsaki, sur les Dardanelles, dans le levantin (***), et von Hochstetter, en Turquie d'Europe, au-dessus du levantin ou même dans le quaternaire. Car cette énumération même montre que des lignites existent, dans cette région, à de très nombreux niveaux.

Sans chercher, par suite, à préciser d'une façon positive l'âge de ces sédiments, nous nous contenterons de remarquer qu'ils sont très certainement antérieurs aux éruptions tertiaires (peut-être miocènes), qui les ont manifestement

(*) S'il était permis de chercher un point de comparaison à aussi grande distance, nous en trouverions un également dans les grès de Nubie, dont la description par Zittel (*Beiträge zur Kenntniss der Lybischen Wüste*) correspond singulièrement à nos grès de Lemnos. Nous avons indiqué plus haut un autre rapprochement d'aspect extérieur avec les grès du Karoo. Dans ces deux cas, les conditions de formation paraissent avoir été analogues.

(**) Voir plus haut, p. 24. Les terrains qui englobent ces lignites n'ont aucun rapport avec les grès à végétaux de Lemnos.

(***) *Loc. cit.*, III, 177.

recoupés et disloqués (*). On peut observer, en nombre de points, le brusque contact des deux terrains, ou des dykes d'andésite au milieu des grès ; il existe également des lambeaux fréquents de grès et de schistes pincés au milieu des roches éruptives.

Les *contacts des sédiments et des andésites* peuvent être étudiés sur presque toute la périphérie des massifs éruptifs figurés sur notre carte ; car, l'île étant très dénudée, la végétation offre rarement un obstacle aux observations géologiques. Nous citerons seulement le promontoire de Phako, au sud de l'île, où le contact des deux terrains se fait par un plan presque vertical, très oblique sur la direction des schistes, avec injection d'étroits filons divergeant du massif central dans les terrains voisins. Les roches, recueillies par nous au contact même, étaient là, comme nous le verrons, des dacites ; mais, un peu plus loin, on rentre dans le type ordinaire des andésites.

La région de Katalogos et la montagne voisine de l'Hagios Elias présentent des exemples de contacts verticaux et de dykes latéraux du même genre. Mais le contact le plus intéressant est certainement celui qui donne lieu à la source thermale de Lidja, à l'est de Kastro (*fig.* 6 et 7).

Il existe là un lambeau de schistes argileux verdâtres, avec quelques intercalations gréseuses, occupant, sur environ 200 à 300 mètres de large, le flanc d'un ravin encastré entre des montagnes abruptes d'andésite quartzifiée et brèche andésitique, dont l'une, le mont Saint-Élie (Hagios Elias), ou Therma, situé à l'est, atteint 376 mètres. Des deux côtés, le contact des sédiments et des roches éruptives est à peu près vertical ; mais, le long de l'Hagios Elias, il a été particulièrement mis en relief par l'érosion plus facile des schistes, qui a, sur leur longueur, creusé

(*) Nous verrons plus loin que les éruptions semblables de Samothraki auraient, d'après Hœrnes, commencé après le nummulitique.

un ravin ; la lèvre andésitique de la faille, qui juxtapose les deux terrains, s'est, en effet, trouvée mise à nu et

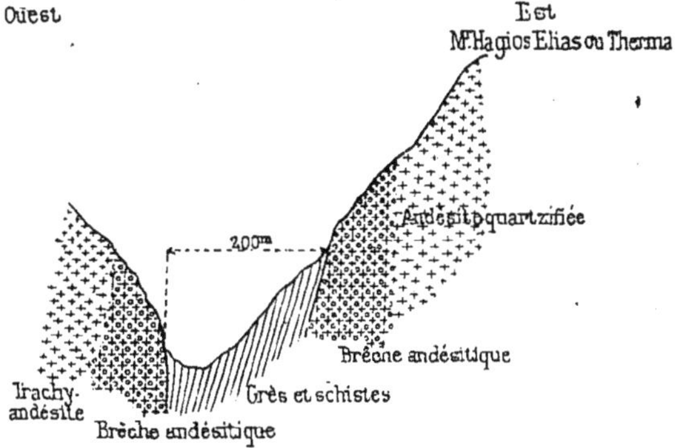

Fig. 6. — Coupe Est-Ouest, perpendiculaire au ravin nord-sud au Sud de Lidja.

apparait de loin comme un grand mur vertical (*) de 10 à 20 mètres de haut (*fig.* 7), au pied duquel les schistes de

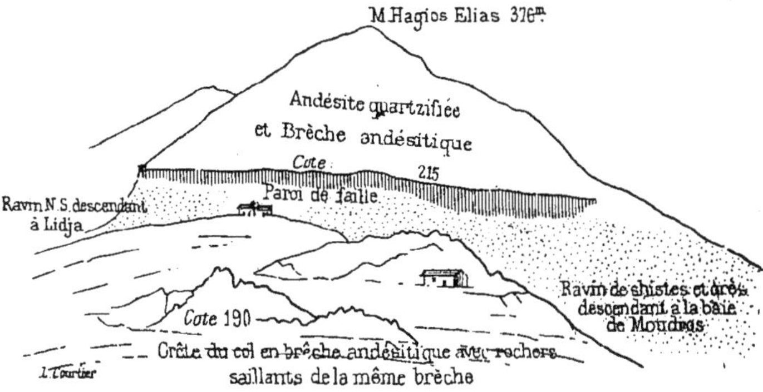

Fig. 7. — Vue prise du Sud sur le mont Hagios-Elias, montrant le contact vertical des andésites avec les sédiments schisteux.

teinte jaune ou verdâtre tranchent avec la teinte violacée

(*) A distance, on pourrait croire (*fig.* 7) que cette paroi représente la tranche d'une coulée. En réalité, il n'y a pas de coulée dans cette région.

des sommets en roche éruptive (*). Quand on va de l'Hagios Pavlos à l'Hagios Elias, on traverse, du sud au nord, la naissance de ce ravin de Lidja par un col qui le sépare d'un autre ravin, situé dans son prolongement et descendant vers la baie de Moudros. La *fig.* 7 met en évidence l'aspect de cette faille aperçue dans ces conditions. Vers le nord, au-delà de Lidja, la même faille se retourne vers l'est, entourant ainsi de sédiments argileux, sur presque toute sa périphérie, le mont Hagios Elias, qui semble sortir à l'emporte-pièce de cette cassure circulaire. A Lidja même, où se trouve le point topographiquement le plus bas de la ligne de contact des andésites et des schistes, il sort, exactement sur ce contact, des sources thermales abondantes et utilisées, qu'il semble logique d'attribuer à la réapparition des eaux recueillies par le massif andésitique et maintenues en profondeur par cette ceinture argileuse.

Quant aux *dykes de trachyte ou d'andésite au milieu des grès*, ils sont très nombreux et très nets dans tout l'ouest de l'île, notamment entre Katalogos, le cap Mourtzephlos et Kaspaka ; dans les vallées situées à l'est de Katalogos, on a des passages constants de l'une à l'autre roche ; on en retrouve également au mont Georghios et au cap Tigani.

Nous ajouterons seulement un mot sur quelques *lambeaux sédimentaires pincés au milieu des trachytes* dans la région de l'Hagios Pavlos et du mont Stivi (cap Tigani), lambeaux qui, par suite de leur érosion plus facile, ont généralement déterminé la formation de ravins suivant leur longueur.

Autour de l'Hagios Pavlos, notamment sur le chemin de Kastro à Kondia, plusieurs de ces lambeaux, dirigés

(*) Cette différence de teinte entre les sédiments et les roches éruptives, générale dans tout Lemnos, y facilite beaucoup les observations à distance.

N.-S. à N.60°E., avec plongement général vers l'est, sont formés d'alternances de bancs de grès avec des marnes schisteuses grisâtres, que recoupent, obliquement à leur schistosité, des dykes d'andésite verticaux.

Au mont Stivi, ces lambeaux ont également une direction générale N.E.-S.O., conforme à celle du promontoire lui-même, mais avec des plongements dirigés, pour la plupart, vers l'ouest (*fig.* 8). Les grès y sont à grain fin, d'une teinte jaune ou verdâtre, assez chargés de mica et d'un aspect métamorphique; ils contiennent beaucoup de débris de plantes.

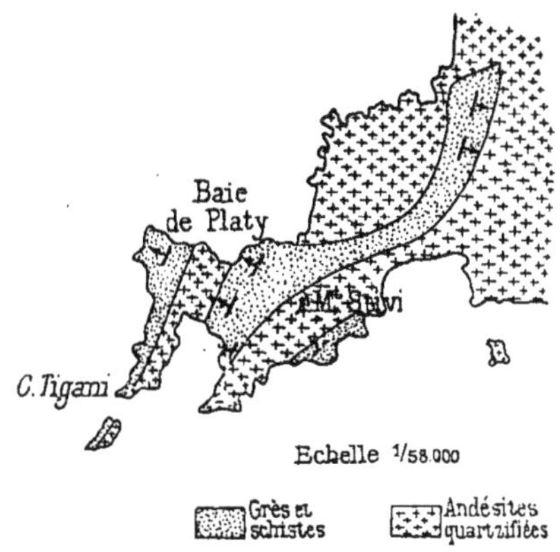

Fig. 8. — Carte du promontoire du mont Stivi.

Quelques petites falaises sur la côte, notamment sur le rivage sud de la baie de Platy, montrent plusieurs dykes d'andésite quartzifiée minces, recoupant verticalement les grès et schistes, eux-mêmes très redressés, avec une direction un peu oblique sur celle de la schistosité (N.60°E. dans des grès N.-S.). Souvent, par contre, l'andésite semble s'être introduite entre les feuillets du terrain et forme des bancs qui lui sont parallèles.

Formations récentes. — Il nous reste, pour terminer ce qui est relatif aux terrains sédimentaires de Lemnos, à dire quelques mots de formations plus récentes.

La plus importante de ces formations occupe, dans la baie de Pournia, un peu au nord des trois ou quatre maisons qui constituent le village de Pournia, un petit cap sur environ 200 mètres de circonférence (*fig.* 9).

Fig. 9. — Carte du promontoire de Pournia.

Il existe là, sur 10 mètres d'épaisseur au-dessus de la mer, des bancs très durs d'une lumachelle formée de coquillages marins brisés et grains de sable, qu'on exploite, depuis l'antiquité, comme pierre de taille.

Cette lumachelle, sorte de falun ou de grès calcaire, est exclusivement formée de débris d'algues, foraminifères, baguettes d'oursins et lithothamnium dominants, d'un caractère absolument récent. A la surface du plateau, où elle a été érodée par les actions météoriques, ou au bord de la mer, où elle a subi la corrosion des eaux, elle apparait hérissée d'une série de pointes et cloisonnée par des plans verticaux en saillie. Sur les coupes du terrain, on voit une stratification irrégulière comme celle des dépôts fluviatiles et changeant d'un point à l'autre. En moyenne, cette sorte de stratification (qui disparait parfois complètement sur une grande épaisseur du terrain), semble N.-E., avec plongement ouest, comme celle des grès sous-jacents : ce qui pourrait faire croire à une concordance des deux terrains ; mais, au point A (*fig.* 9), sur la baie du nord, on voit la lumachelle reposer horizontalement sur la tranche des grès rosés, plus anciens, qui forment là une série d'écueils allongés dans le sens de leur schistosité.

Nous considérons cette lumachelle comme un dépôt de plage quaternaire, dont la présence, à près de 10 mètres au-dessus du niveau actuel de la mer, semblerait prouver, de ce côté de Lemnos, un mouvement du sol récent, peut-être en relation avec toutes les légendes dont nous parlerons plus loin et qui placent, au voisinage presque immédiat de Pournia, un dégagement de gaz combustible naturel, une île engloutie, etc. C'est un indice qui peut avoir son intérêt dans cette question toujours pendante des déplacements contemporains de l'écorce terrestre (*).

Il existe, en outre, dans tout l'est de l'île, de très importants dépôts d'argile, de sable et parfois de galets, qui couvrent une grande partie des terrains sédimentaires de cette région : d'abord, toutes les parties basses au voisinage du Mégali Limni, près de la baie de Pournia, etc. ; mais, en outre, le flanc même des collines jusqu'à une hauteur souvent assez forte (plus de 80 mètres au-dessus de la mer, au nord de Skandali).

Les dépôts argileux se trouvent surtout dans la plaine de Kondopouli et du Mégali Limni ; ils se présentent sous forme d'une sorte de lehm jaunâtre, découpé par de petits ravins d'érosion à bords verticaux de 3 à 4 mètres de profondeur, au fond desquels apparaissent souvent les schistes éocènes. Ce lehm, fréquemment mélangé de sable, renferme beaucoup de coquilles terrestres et quelques coquilles marines actuelles.

Les sables forment, au nord de Skandali (S.-E. de l'île), des sortes de dunes très épaisses à une cote élevée (plus de 80 mètres).

Enfin les formations de galets se rencontrent souvent

(*) Nous verrons plus loin que l'ouest du Samothraki présente également, d'après Hœrnes, des formations marines tout à fait récentes.

sur des hauteurs : près de Koudopouli, à la cote 50 ; au sud du mont Komi ; à l'est de la Likna ; entre Pournia et Atchiki (où ils sont particulièrement volumineux), etc.

Toutes ces formations nous semblent résulter d'une destruction superficielle des schistes, grès et poudingues sédimentaires, destruction due en grande partie à l'action des vents, qui sont souvent remarquablement violents à Lemnos, surtout dans l'est de l'île ; il est probable, d'ailleurs que, dans le cas des sables, ces vents ont eu une action d'un autre genre, en soulevant les sables des plages jusque sur le flanc des collines et les y accumulant.

2° **Roches éruptives tertiaires. — Dacites, trachyandésites, andésites quartzifiées, andésites augitiques et brèches andésitiques.** — Il suffit d'examiner la carte géologique de Lemnos pour voir quelle place importante occupent, dans l'île, les roches éruptives tertiaires. Ces roches, dont nous indiquerons bientôt les variétés pétrographiques, forment plusieurs grandes masses, dont la principale va de Kastro au promontoire de Phako et au cap Voroskopo, avec une direction générale est-ouest, séparant les terrains sédimentaires de l'île, au nord et au sud, en deux zones bien distinctes.

Dans la zone sédimentaire du nord, on retrouve trois massifs éruptifs principaux : le premier, au nord, simplement amorcé par le cap Mourzephlos, le flanc nord du mont Skopia et l'île Sidérites ; le second au sud de Katalogos et le troisième entre Komi et Drepanidi.

En outre, il existe, dans les terrains sédimentaires, notamment au nord-ouest de l'île, un très grand nombre de filons éruptifs que nous avons déjà signalés.

Ainsi que nous l'avons fait remarquer précédemment, ces roches éruptives se présentent, presque constamment, à l'état de dykes intrusifs, avec brèches connexes, et ont souvent pénétré dans les sédiments en suivant les directions de schistosité ; mais on ne peut pas dire qu'elles aient, avec l'allure des plissements, un rapport bien réglé ; car la grande masse du sud parait occuper un synclinal ; celle de Stratis serait plutôt dans un anticlinal et toutes les autres, au nord, sont intercalées dans le flanc des plis sédimentaires, entre des bancs plongeant des deux parts dans le même sens.

Contrairement à ce que nous avons vu à Mételin, où les coulées dominaient de beaucoup, à Lemnos celles-ci sont tout à fait exceptionnelles, et c'est à peine si nous avons cru en observer quelques traces (*). Nous devons avoir affaire ici à la racine plus profonde de ces nappes d'épanchement, que l'on retrouve, d'après Hœrnes, à Samothraki comme à Mételin, et il en résulte à Lemnos un aspect pittoresque très différent, qui est tout particulièrement caractéristique autour de l'Hagios Pavlos et de l'Hagios Elias, près de Lidja (**).

Les roches apparaissent là fréquemment comme formées d'une série de dykes verticaux juxtaposés et plus ou moins tordus : ce qui est peut-être dû simplement à une division de l'andésite en bancs par ses cassures naturelles. Ces dykes, isolés, découpés et déchiquetés par l'érosion, forment, à la surface du sol, surtout quand ils émergent des sédiments bien nivelés, une série de pointes, de pitons, de récifs, très curieusement hérissés en tous sens.

En même temps, les trachy-andésites de l'Hagios Pavlos sont pleines de grosses cavités rondes, qui ressemblent à d'énormes vacuoles d'une roche scoriacée, mais doivent résulter uniquement de la disparition de fragments bréchoïdes, d'abord enclavés dans la masse.

(*) Près de Katalogos, nous avons cru voir de loin quelques indices de coulée. Ailleurs, des apparences semblables sont dues à une sorte de stratification grossière des brèches andésitiques.

(**) Dans nos *Grecs de Turquie*, p. 107, nous avons donné une gravure représentant ces rochers.

L'abondance de ces enclaves prépare la transition aux véritables brèches anguleuses, qui se montrent un peu de tous côtés au milieu des roches plus homogènes et qui, dans certaines régions, que nous avons distinguées par un signe spécial sur notre carte, finissent par occuper presque toute l'étendue de la masse éruptive.

Parmi ces régions bréchoïdes, nous citerons d'abord toute la moitié est de l'ile, au-delà de l'isthme qui sépare les deux baies de Pournia et de Moudros ; puis les environs de Kondia, ceux de Platy et to Thanos, ceux de Kernidhi, etc. Ces brèches, qu'il est impossible de séparer par une limite précise des roches éruptives proprement dites, sont constituées par des fragments anguleux de toutes dimensions, exclusivement composés eux-mêmes de roches éruptives analogues à celles qui forment la masse et cimentés par une pâte, souvent plus friable, formée des mêmes éléments.

Il semble bien que ces brèches résultent, en grande partie, d'un phénomène de dislocation mécanique contemporain de l'intrusion et de la cristallisation de la roche ; peut-être aussi faut-il voir, dans certains de ces débris enclavés, des fragments de roches antérieures ou plus profondes repris et recristallisés ; mais, comme nous l'avons déjà dit à l'occasion de Mételin, les eaux doivent également avoir joué un rôle dans cette formation ; car ces brèches présentent, assez souvent, des apparences de strates, qui n'existent pas dans l'andésite en masse (notamment autour de Komi, au sud de Vounokhorio) ; en outre, on y trouve, près de Komi et près de Varos, quelques fragments de bois silicifié.

Les incrustations siliceuses, parfois accompagnées d'un peu d'oxyde de fer, y sont fréquentes : en particulier au mont Komi, au mont Hagios Elias (au N.-E. de Katalogos, etc.). A 3 kilomètres sud de Moudros, le contact des sédiments et de la brèche andésitique se fait par un véritable mur de silex de près de 3 mètres de large, à la suite duquel la brèche elle-même est divisée par des plans de cassure et de faille parallèles à cette sorte de filon.

Nous passons maintenant à la description pétrographique de ces roches, pour l'étude desquelles M. Lacroix, professeur au Muséum, a bien voulu nous apporter son précieux concours, en précisant les résultats de notre examen. C'est à lui que sont dues les déterminations microscopiques données plus loin, auxquelles sa science bien connue apporte une autorité toute spéciale.

Les roches de Lemnos, infiniment moins variées que celles de Métclin, appartiennent seulement à quatre types pétrographiques, dont les trois premiers se montrent confondus dans les mêmes massifs et paraissent appartenir à un seul et même ensemble, modifié par des circonstances locales. Le dernier seulement, que nous avons rencontré en un point unique, correspond peut-être à une venue indépendante.

Ces quatre types sont, par ordre d'acidité décroissante, des andésites quartzifiées, des dacites, des trachyandésites et des andésites augitiques, les trois premiers présentant une assez forte acidité, tandis que le dernier, plus basique, se rapproche des labradorites (*).

Il est à remarquer d'ailleurs que l'acidité spéciale des deux premiers groupes est due, non à la nature des feldspaths, mais à la présence de silice libre, en éponges de quartz globulaires ou en cristaux de quartz.

Voici, d'après M. Lacroix, quels sont les caractères généraux de ces quatre groupes de roches; ces données

(*) Nous noterons également qu'il existe, près de la chapelle de la Panagia, à Kokkinos et dans le pavage de Kastro, des blocs de serpentine. Aucun gisement de cette roche n'existant à notre connaissance à Lemnos, ces blocs peuvent venir de Mételin, où il s'en trouve de grandes masses ; peut-être, au contraire, proviennent-ils d'Imbros, où on nous a signalé des roches vertes : notamment (d'après la description qu'on nous en a faite) des diorites avec nids de galène et de pyrite cuivreuse (?).

pétrographiques seront complétées plus loin par des analyses chimiques :

A. *Andésites quartzifiées.* — Ces roches, tout particulièrement fréquentes à Lemnos, sont très riches en phénocristaux de plagioclase. Elles renferment, comme les trachy-andésites dont il sera question plus loin, des plagioclases zonés, de l'amphibole et de la biotite, avec ou sans pyroxène; mais l'amphibole et la biotite ont des couleurs différentes. La pâte est occupée en partie par des éponges de quartz globulaire, qui moulent les microlithes feldspathiques. Ce quartz est considéré, par M. Lacroix, comme concrétionné et secondaire, notamment dans une roche prise au sud de Kastro et riche en nids grenus (227). Si l'on n'admettait pas cette hypothèse, ces roches seraient des dacites à quartz globulaire, mais sans quartz bipyramidé.

Une de ces roches (247), prise dans l'est de l'île, entre ta Likna et Kondopouli, renferme de l'hypersthène.

Quelques types altérés ont leurs pyroxènes calcifiés.

Au nord-est du mont Phako, sur le bord de la mer, une de ces roches altérées contient de l'alunite (239).

Comme gisement, ces roches se présentent un peu partout confondues avec les trachy-andésites suivantes, notamment dans l'Hagios Pavlos et l'Hagios Elias. Des roches prises au mont Stivi (225), à l'ouest de Katalogos (245-254), au nord de Kastro (244), à Sardès (256), etc., appartiennent à ce type, qui parait particulièrement fréquent dans les dykes étroits intercalés au milieu des grès (245), ou généralement au contact de ces grès; mais il est impossible de tracer une démarcation, sur le terrain, entre ces andésites quartzifiées et les trachy-andésites.

C'est ainsi que, sur trois échantillons pris dans le même dyke de l'Hagios Pavlos, nous avons eu un type filonien de trachy-andésite (229), une trachy-andésite avec calcédoine (230) et une andésite quartzifiée (238) ; dans les mêmes conditions, à l'Hagios Elias, une andésite quartzifiée (260) et deux trachy-andésites (257 et 258).

B. *Dacites.* — Il existe, à Lemnos, quelques types de dacites à structure de microgranulites à gros éléments, riches en grands cristaux : les uns ont été recueillis sur le bord sud du grand massif andésitique du mont Phako au contact des grès ; ils renferment de l'orthose faculée (236 et 237), mais pas de quartz bipyramidé ; un autre a été trouvé environ à 1 kilomètre au sud de Kastro, au milieu d'un massif de trachy-andésite, plus ou moins quartzifiée (228). « Ce dernier, nous écrit M. Lacroix, est une dacite dans le sens français, c'est-à-dire renfermant du quartz en grands cristaux comparables à ceux des microgranulites ; les pyroxènes y sont altérés. »

D'après M. Lacroix, ces dacites pourraient correspondre à des enclaves ; il se demande même si les grands cristaux de quartz ne proviendraient pas de grains de quartz des grès, par un phénomène qu'il a signalé dans son livre sur les enclaves. Il est vrai, ajoute-t-il, que, dans les cas où il a constaté le fait jusqu'ici, ce quartz exogène était entouré de microlithes d'augite qu'on ne remarque pas dans les roches de Lemnos ; mais, dans celles-ci, les éléments ferrugineux du second temps sont fort peu abondants.

C. *Trachy-andésites*, oscillant entre des andésites franches et des types probablement riches en microlithes d'orthose.

A l'œil nu, ce sont des roches roses, grises ou blanchâtres à texture rugueuse et cristaux de mica ou de hornblende apparents, témoignant parfois d'un commencement de vitrification.

« Les caractères microscopiques de ce groupe sont les suivants : absence de quartz et d'orthose de première consolidation ; abondance des phénocristaux de plagioclases zonés; existence constante de hornblende et de biotite, avec ou sans pyroxène ; présence fréquente d'une pâte vitreuse.

« La biotite est très foncée, riche en mâcles polysynthétiques ; la hornblende appartient au type basaltique à couleur foncée et haute biréfringence. L'augite présente une coloration jaune d'origine secondaire. Souvent les micas et les amphiboles sont intacts, comme c'est habituellement le cas dans les dykes ; parfois aussi ils sont résorbés en partie. Comme minéral accessoire, on ne peut noter que du sphène. »

Ce sont, comme on le voit, des roches tout à fait analogues à celles que nous avons désignées à Mételin comme types B, C, D, E, F, et qui, dans cette île, forment la plus grande partie des roches éruptives. Il est à noter que les exemples de dykes, signalés par nous à Mételin (mont Orthymnos, flanc sud du Lepethymnos, etc.), sont formés de roches de ce genre (*) : ce qui complète leur ressemblance avec les dykes de Lemnos.

On trouve d'assez nombreux spécimens de cette roche à l'Hagios Pavlos, à l'Hagios Elias, à Platy, au nord de Kastro, dans l'isthme de Phako, etc.

Quelques échantillons présentent des particularités à signaler.

Ainsi un type de Platy et un de l'Hagios Pavlos (226 et 229) paraissent contenir des microlithes d'éléments ferrugineux. « C'est un type qui est fréquent dans les projections des régions trachytiques ou andésitiques et qui rappelle certains types filoniens. » Une autre roche (242), entre Kastro et le mont Athanasi, est riche en verre et renferme un cristal de quartz bipyramidé corrodé, formant par suite une transition aux dacites que nous étudierons plus loin.

(*) Voir p. 40 et 41, et *fig.* 1 et 2.

D. *Andésites augitiques.* — Les andésites augitiques existent en un seul point de Lemnos, à l'isthme du mont Phako, au voisinage immédiat de trachyandésites, avec lesquelles nous n'avons pas pu démêler clairement leurs relations (232 et 233). A l'œil nu, elles sont caractérisées par une pâte plus sombre (verdâtre ou noirâtre) et plus compacte, avec une grande abondance de cristaux d'augite et d'hornblende. « Au microscope, cette abondance se retrouve naturellement, tandis que les phénocristaux de plagioclase, si fréquents dans les types précédents, sont des plus rares. Des microlithes d'augite apparaissent à côté des microlithes d'oligoclase. » C'est le type le plus basique de Lemnos ; on peut le comparer au type H de Mételin, où souvent le labrador apparaît en microlithes avec l'oligoclase et qui, par endroits, se rattache à des labradorites augitiques à péridot accessoire.

L'analyse chimique de quelques-unes de ces roches nous a donné les résultats suivants :

ANALYSES DE ROCHES TERTIAIRES DE LEMNOS.

	1	2	3	4	5
SiO^2.........	66,50	63,50	63,00	61,90	58,80
Al^2O^3........	18,20	18,80	17,70	18,60	17,70
Fe^2O^3........	4,92	4,72	3,72	5,65	6,77
CaO	3,67	3,54	2,78	4,67	5,83
MgO.........	0,90	1,80	1,75	2,44	3,54
KO...... ...	2,52	4,45	3,60	2,64	2,60
NaO.........	2,50	3,95	2,53	3,05	2,70
Perte au feu..	1,30	0,60	4,70	1,70	2,80
	100,51	101,36	99,78	100,65	100,74

1. Andésite quartzifiée (type A), au sud de Kastro (231).
2. Dacite à structure microgranulitique (type B) du mont Phako (237).
3. Dacite à structure microgranulitique (type B) du mont Athanase (246).
4. Trachyandésite (type C), région de l'Hagios Pavlos (257).
5. Andésite augitique (type D) (isthme du mont Phako) (233 et 234).

Comme le montre ce tableau, les andésites quartzifiées et les dacites présentent une teneur en silice, qui dépasse 63 p. 100 et peut atteindre 66,50 p. 100 ; cette teneur descend, au contraire, à 58,80 dans les andésites augitiques, seul groupe relativement basique de l'île. La teneur en fer, en chaux et en magnésie, augmente à mesure que celle en silice diminue, et le fait est particulièrement sensible pour la magnésie, qui passe de 0,90 à 3,54. La teneur en alumine et en alcalis ne suit, au contraire, aucune loi constante. D'une façon générale, dans les types les plus acides, la potasse parait dominer sur la soude ; dans les autres, c'est l'inverse ; mais la proportion de ces deux bases est toujours peu différente.

La comparaison de ces analyses avec celles de Métclin données plus haut (p. 36) confirme les assimilations tirées du simple examen pétrographique. Les andésites quartzifiées et dacites 1, 2, 3 se rapprochent, pour la teneur en silice, des trachytes rhyolithiques et obsidiennes connexes. Les trachyandésites 4 ont une proportion de silice tout à fait comparable à celle des trachyandésites B à F de Métclin (61 à 62 p. 100). Enfin les andésites augitiques 5 sont analogues aux andési-labradorites à pyroxène type H, où nous avons trouvé 60,50 p. 100 de silice.

3° **Produits utiles et sources thermales. — Volcans et gaz inflammables.** — Nous n'avons trouvé, à Lemnos, aucune trace sérieuse d'un minerai quelconque : à peine quelques veines ferrugineuses de place en place (Hagios Pavlos, etc.). Le nom de l'île Siderites pourrait faire croire qu'il s'y trouve du fer : mais nous avons dû nous contenter de regarder cet îlot du rivage opposé, qui est d'ailleurs assez voisin pour que nous ayons pu y distinguer les falaises d'andésite.

Nous avons déjà signalé la source thermale de Lidja (*)

(*) Voir plus haut, p. 58.

qui sort, dans des conditions stratigraphiques curieuses, sur une faille mettant en contact les grès avec l'andésite.

Enfin nous ne pouvons terminer cette étude sur Lemnos sans dire un mot des traditions antiques, d'après lesquelles il y aurait eu à Lemnos des cratères de feu, des émanations de gaz inflammables et une île (sans doute volcanique) engloutie peu avant notre ère (*). Ces traditions, qui avaient donné lieu au culte d'Hephaistos, ou de Vulcain (à moins qu'elles n'en fussent la conséquence), se retrouvent, fréquemment énoncées, dans les auteurs de la période Alexandrine, et ont passé de là, comme un fait incontesté, dans les ouvrages les plus autorisés de notre temps (*Géographie* de Reclus, etc.). Ce n'est pas ici le lieu de reprendre une discussion historique que nous avons essayée ailleurs ; nous croyons cependant utile d'en indiquer le résultat, qui peut avoir un intérêt géologique.

Il semble, en effet, historiquement vraisemblable qu'il a existé, dans l'est de Lemnos, entre Pournia et Kondopouli, près d'un point où l'on a exploité de tous temps une certaine terre sigillée, à laquelle on a attribué les propriétés les plus merveilleuses, des émanations de gaz inflammables analogues à celles qui, sur la côte de Lycie, constituent le phénomène fameux de la Chimère (**), ou à celles du Caucase et des Apennins (***). L'engloutissement d'une île voisine de Lemnos, par un phénomène semblable à ceux qu'on a observés de nos jours dans les Lipari, etc., est, en outre, formellement affirmé par Pausanias et peut se relier au grand mouvement de dislocation qui semble

(*) Nous avons discuté le côté historique de ces traditions dans la *Revue archéologique* de 1895.

(**) Voir Tçhihatcheff, I, 424 à 430. Ces feux lyciens, dont nous reparlerons plus loin, sortent de la serpentine.

(***) Les gaz inflammables pourraient avoir quelque rapport avec une accumulation de débris végétaux, analogues à ceux que nous avons trouvés disséminés dans les grès.

avoir ouvert le Bosphore à une époque très voisine de nous, peut-être même contemporaine de l'homme. Bien que nous n'ayons retrouvé, à Lemnos, aucune trace géologique de ces phénomènes internes, il y a lieu cependant de les mentionner, au moins comme un indice hypothétique de l'existence d'actions volcaniques récentes dans cette partie nord de la mer Égée. Il nous paraît extrêmement peu vraisemblable que l'homme ait pu voir les éruptions andésitiques de Lemnos; car on n'y trouve rien de ce qui caractérise ordinairement les volcans contemporains; cependant il est prudent de ne pas oublier que nous n'avons aucune notion précise sur leur âge, et qu'elles recoupent tous les terrains de l'île. Le soulèvement des dépôts quarternaires de Pournia prouve, en outre, un mouvement récent du sol dans cette partie de l'île (*), et, d'autre part, la haute température que présentent, paraît-il, encore certaines roches trachytiques de la Troade, notamment près de Tuzla et Bergas (**), a pu être considérée comme un indice de manifestations éruptives peu anciennes dans la même région.

III. — GÉOLOGIE DE THASOS.

1° Constitution générale. — Schistes métamorphiques, amphibolites et marbres. — Gisement de disthène, staurotide et grenat. — La constitution géologique de Thasos est des plus simples.

Cette île, qui se rattache très directement aux grandes masses primaires de Thessalie, de Chalcidique, de la côte de Macédoine et de Samothraki, est presque exclusivement formée de gneiss, de micaschistes, d'amphibolites et

(*) Dans l'ouest de Samothraki il paraît exister aussi des dépôts marins récents soulevés.

(**) Voir plus loin, p. 95.

de bancs de marbre intercalés, avec quelques poudingues, probablement récents, sur la côte ouest (*).

De même, nous avons retrouvé, près de là, à Kavala et dans le Symbolon, sur la côte de Macédoine, des gneiss aux injections granulitiques abondantes et, au mont Athos, des alternances de marbre avec des schistes métamorphiques, qui, du côté de Vatopedion, se chargent d'amphibole et d'une quantité de grenats (292 à 297).

De même encore, nous avons étudié précédemment, à Mételin, un système primaire, qui, dans ce dernier cas, par un processus différent du métamorphisme, ne présente pas de gneiss, mais seulement des schistes et des marbres.

En ces divers points, on parait avoir affaire, comme nous le dirons plus loin, à un même système, qui présente une réelle homogénéité dans toute la région Égéenne.

A Thasos comme à Mételin, les alternances des schistes métamorphiques et des marbres sont très fréquentes; mais ici la direction dominante des couches, au lieu d'être à peu près nord-sud ainsi qu'à Mételin, est presque est-ouest, légèrement N.O.-S.E., et les couches, au lieu d'être partout fortement inclinées, présentent de grandes parties presque horizontales (notamment entre Limenas et Panagia, vers Theologos, etc.), en sorte que la topographie du sol joue un rôle notable dans le tracé de leur contour, comme elle le fait ordinairement pour les terrains sédimentaires.

La carte ci-jointe (Pl. IV, *fig.* 1), où nous avons essayé de représenter cette disposition générale, ne peut nécessairement qu'en donner une image grossière : d'une part, à

(*) Ces poudingues, que nous n'avons pas vus, sont signalés dans un mémoire archéologique de M. Perrot. Au village de Kastro, dans le sud de l'île, nous avons remarqué en passant une brèche quaternaire contenant des fragments d'os. A la montée de Liménas vers Panagia (cote 160), il existe également un travertin récent.

cause des lacunes qu'ont présentées nos itinéraires (*) et, d'autre part, en raison du caractère conventionnel de cette figuration même, où nous avons distingué, par leurs grandes masses, deux natures de terrains, qu'on voit alterner en réalité à tant de reprises. Elle aidera néanmoins à suivre notre description, surtout si l'on veut bien se reporter aux deux coupes que nous y joignons (Pl. IV, *fig*. 2 et 3).

Dans l'ensemble, on voit que Thasos est formé par un grand anticlinal N.O.-S.E. des terrains primaires, anticlinal allant de Kasavithi vers l'île de Kynira et accompagné de quelques plis secondaires, tels que le petit synclinal tracé de Volgaros à Rachoni et celui que l'on observe au sud de Kakirachi.

Les deux flancs de cet anticlinal présentent un contraste absolu, qui est particulièrement frappant sur la coupe de Limenas à Theologos (Pl. IV, *fig*. 2). Tandis qu'au sud les couches sont presque horizontales, au nord, au contraire, elles s'entassent à peu près verticalement, et l'accentuation de ce plissement a été poussée jusqu'à la rupture. Le bord nord de la chaîne paraît suivi par une grande faille, qui peut seule expliquer les discordances constatées entre les deux parties nord et sud de la coupe, ainsi qu'entre les deux coupes nord-sud (Pl. IV, *fig*. 2 et 3) faites presque parallèlement, à 6 ou 7 kilomètres de distance l'une de l'autre.

Cette allure dissymétrique du plissement, que l'on retrouve si fréquemment dans les chaînes de montagnes,

(*) Thasos présente une grande chaîne principale, comprenant les trois sommets du Trapéza, du Saint-Elie et de l'Ipsarion (1.112 mètres, 1.060 mètres, 1.142 mètres), qui se prolonge par une crête de près de 900 mètres entre Theologos et Kynira. En en faisant le tour, on peut constater facilement de loin que ces hautes cimes sont formées d'assises de marbre blanc, en partie horizontales. Pour la région d'Aliki et Demir Chalca, nous sommes renseignés par le témoignage de M. Perrot, qui a visité là les importantes carrières de marbres antiques.

et qui semble ici correspondre à un effort mécanique de compression horizontale venu du sud, est bien marquée par le relief même du sol. Au sud de Potamia, se dresse une crète tout à fait abrupte de 690 mètres de hauteur; quand on a dépassé cette crète, on trouve, au contraire, un plateau en pente douce, qui descend au sud vers la mer et, au-dessus de ce plateau, une haute falaise, qui termine à l'est le mont Ipsarion (Pl. IV, *fig.* 2), montre, avec une netteté saisissante, la presque horizontalité des stratifications.

Dans l'ouest de l'île, l'accident, qui semble passer à Kasavithi, est beaucoup moins marqué.

Nos deux coupes et les directions de strates, que nous avons eu soin d'indiquer sur la carte, nous dispensent d'insister sur ces questions stratigraphiques. Il nous suffira d'ajouter que ces terrains, à plissement N.O.-S.E., doivent avoir été influencés par des accidents à peu près perpendiculaires, c'est-à-dire N.N.E.-S.S.O.

L'un d'eux semble marqué par la paroi Est, si remarquablement abrupte, de l'Ipsarion, que nous signalions précédemment et, dans l'ouest de l'ile, on retrouve, suivant la même direction, des indices d'un axe métallifère important, que nous aurons à signaler.

Les roches, qui constituent ces strates primaires, sont de nature assez variable suivant les points.

En premier lieu, on doit noter le marbre, qui a été exploité en grand pendant l'antiquité dans la région sud de l'île, vers Aliki et Demir Chalca et qui a même eu, pendant la décadence romaine, une grande réputation comme marbre statuaire.

C'est un marbre blanc à très gros grains et qui prend, de ce chef, quand on le polit, un aspect diapré très particulier. Par l'usure, les grains apparaissent et donnent à la surface une apparence grossière, comparable à celle d'un grès.

Les fronts de taille antiques des exploitations d'Aliki montrent encore, d'après M. Perrot, les découpures des blocs enlevés, qui avaient $1^m,20$ à $1^m,40$ de longueur, sur $0^m,40$ à $0^m,60$ de large.

Les grandes masses de marbre, très escarpées, de l'Ipsarion et du Trapéza contribuent à l'aspect pittoresque de ces montagnes, notamment quand on les voit du chemin de Potamia à Theologos, ou encore de celui de Volgaro à Liménas (Pl. IV, *fig.* 2 et 3). Les nombreux bancs calcaires plus minces intercalés dans les terrains métamorphiques sont, eux, le plus souvent zonés, disposés en dalles et schisteux.

Les gneiss, assez rares, se montrent surtout dans le nord de l'île, où ils paraissent former un niveau assez continu, que l'on retrouve, à diverses reprises, sur les deux chemins de Liménas à Volgaro et à Panagia.

Les schistes micacés (286 à 289) prennent, tantôt l'aspect de véritables micaschistes à écailles de mica blanc, de quartzites clairs poudrés d'un fin mica argentin, de quartzites micacés noirâtres, ou encore ils passent aux amphibolites (col entre Potamia et Theologos). Comme dans toutes les régions de micaschistes, on a des alternances de ces divers faciès sans aucune régularité.

Les micaschistes, qui forment la crête à l'est de Theologos, au nord d'une tour génoise, sont assez fortement grenatifères : ils contiennent là des lentilles quartzeuses, avec du grenat, de la staurotide, du disthène en belles baguettes bleues couchées sur la face h^1 (290 et 291). Les échantillons provenant de ce point sont tout à fait analogues à ceux du gisement classique du Saint-Gothard.

2° **Gisements métallifères et mines antiques.** — Hérodote a décrit *de visu*, dans un passage bien connu, les mines antiques de Thasos, mines qui, d'après le texte, paraissent avoir été des mines d'or, et dont le produit annuel dépassait 400.000 francs. Il en indique l'emplacement précis, à côté de Kynira, sur le versant est d'une haute montagne bouleversée par les fouilles, en face de Samothraki. Cependant M. Perrot, en 1864, dit avoir parcouru ce pays avec grand soin sans retrouver la moindre trace de ces exploitations et, pressé par le temps, nous nous sommes malheureusement laissé influencer par l'insuccès de cette tentative pour négliger l'examen de cette région : en sorte que nous n'avons rien à dire des gisements métallifères, qui peuvent, malgré tout, s'y rencontrer.

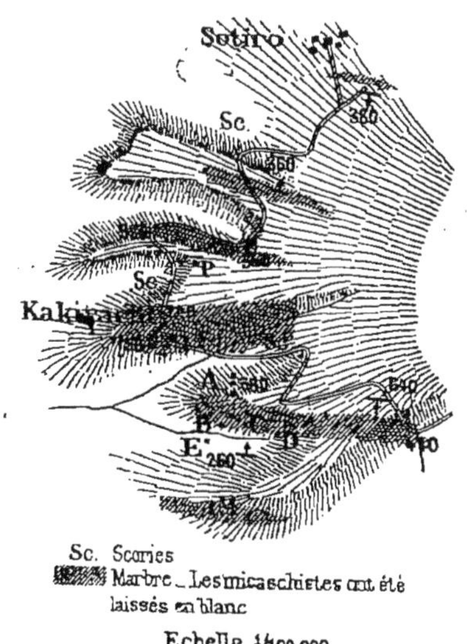

Fig. 10. — Carte de la région de Kakirachi.

Tout au contraire, dans l'ouest de l'île, nous avons rencontré un grand nombre d'indices métallifères et de travaux de mines, avec des amas considérables de scories de cuivre, qui témoignent, à n'en pas douter, d'une exploitation antique importante et prolongée. Ces divers gisements, sur lesquels nous allons donner quelques détails, paraissent correspondre à un axe métallifère dirigé nord-sud (direction que l'on retrouve dans le détail sur certaines veinules métallisées).

Le centre de ce district minier (*fig.* 10) est le village de Kakirachi (*).

Les terrains avoisinants sont formés, comme partout dans l'île, d'alternances de micaschiste et de marbre, où le micaschiste domine généralement beaucoup ; mais, par un phénomène qui est fréquent pour les gites métallifères, les parties les plus développées du gite, sur lesquelles ont porté les exploitations anciennes, semblent être surtout dans les calcaires, ceux-ci ayant dû avoir une action chimique sur la métallisation. Les couches ont une inclinaison assez forte, surtout vers Sotiro, où ces micaschistes sont inclinés à plus de 50°.

Voici les principaux points où nous avons vu des traces d'exploitation; bien que nous n'ayons pas eu le loisir de les examiner avec autant de soin que nous l'aurions désiré, nous croyons, en raison de l'intérêt du sujet, devoir reproduire ici, par exception, notre carnet de notes.

Dans la vallée de Moriès (Pl. IV, *fig.* 1), on aperçoit, au sud, en L, une galerie de mine, que nous n'avons pas abordée, mais où, d'après les indications des paysans, on aurait rencontré un mélange de galène et de calamine dans le calcaire (?).

Le petit vallon latéral, que suit le chemin de la cote 440 à la cote 640 (*fig.* 10), traverse des micaschistes orientés E.-O. avec de minces intercalations calcaires, et ce sont également les micaschistes qui dominent jusqu'au ravin de Kakirachi, où l'on retrouve du marbre.

Le flanc de ce ravin montre de nombreuses injections quartzeuses et ferrugineuses, comme on en voit fréquemment au voisinage des filons.

(*) Kakirachi veut dire « mauvaise colline ».

Dans le fond, près du ruisseau, on trouve une assez grande abondance de scories.

Kakirachi, pauvre hameau composé de quelques masures, est sur le marbre, recoupé, dans le village même, par de la sidérose.

Au sud-est, en A, B, C, D, les traces métallifères sont abondantes au milieu d'un calcaire métamorphique très fracturé.

En A, cote 380, une galerie de 3 à 4 mètres de profondeur, éboulée au fond, a été creusée dans un filon à remplissage barytique, avec un peu de fer et quelques mouches de cuivre.

En B, cote 360, on retrouve de la barytine et du cuivre gris antimonial, dont un échantillon nous a donné à l'analyse :

Cuivre.....	28kg,37	pour 100	kilog. de minerai.
Antimoine.	24 ,20	—	—
Argent.....	0 ,960	pour 1.000	—

En C et D, des galeries abandonnées portent également sur des veinules semblables, toujours dans le calcaire fracturé; en E, ces veinules sont dans un micaschiste chloriteux vert, à direction est-ouest et pendage nord.

Enfin on nous a montré des échantillons de minerai de cuivre, qu'on nous a dit provenir du point M au sud d'Hagios Martis.

Au nord de Kakirachi, le premier ravin contient de grands amas de scories cuivreuses ayant plus de 4 mètres de profondeur et une galerie de mine F. L'analyse de l'une de ces scories a donné :

SiO^2	Sb^2O^3	CuO	Fe^2O^3	CaO	S	Ag
66,30	4,30	1,86	18,00	8,80	traces	traces

Cette composition, comparée à celle du minerai, semble prouver qu'on a d'abord grillé (puisque le soufre a disparu), puis fondu avec addition de calcaire.

Il est remarquable qu'on ait réussi à extraire aussi complètement le cuivre et l'argent.

De semblables amas de scories occupent également le ravin avant Sotiro.

Enfin nous ajouterons qu'on nous a signalé de loin d'autres galeries de mine, en N, vers la rade de Kasavithi, toujours à peu près sur le même alignement nord-sud.

Il y a là, en résumé, tout un ensemble métallifère, particulièrement caractérisé par le groupement du cuivre gris antimonieux et argentifère avec la barytine et la sidérose, qui, dans un autre pays que la Turquie, où il existerait quelque sécurité pour la propriété minière, mériterait certainement d'attirer l'attention (*).

IV. — RÉSUMÉ GÉOLOGIQUE DES TRAVAUX ANTÉRIEURS

Sur la région nord de la mer Égée, Samotraki, Ténédos, la Troade, la Lydie et l'Ionie, Chios, Skyros, le Péloponèse, l'Attique, l'Eubée, les côtes de Thessalie, la Chalcidique et l'est de la Turquie.

Nous nous proposons de donner, dans ce chapitre, pour les principales régions étudiées par d'autres géologues autour de la mer Égée, le pendant de ce que nous avons fait nous-même pour Lesbos, Lemnos et Thasos, c'est-à-dire une description sommaire, au cours de laquelle nous

(*) Depuis que nous avons retrouvé et signalé ces gisements en 1887, le représentant local du Khédive d'Egypte, auquel appartient l'île de Thasos, en a fait faire un examen superficiel par un ingénieur fixé en Turquie ; mais on a reculé devant le prix des travaux, qui seraient naturellement nécessaires, avant toute chose, pour reconnaître un peu ces filons, dont nous avons seulement parcouru les affleurements, pendant quelques heures, en passant.

développerons surtout les points qui peuvent prêter à des comparaisons avec les îles sur lesquelles ont porté nos investigations personnelles ; après quoi, nous pourrons, dans une dernière partie de notre mémoire, examiner plus fructueusement quelques questions générales, telles que : caractères et répartition des terrains primaires, crétacés, tertiaires ; allure des péridotites et serpentines ; roches éruptives tertiaires ; plissements et dislocations.

La carte géologique ci-jointe de la mer Égée (Pl. I), que nous avons essayé de tracer d'après les divers travaux, trop souvent contradictoires, de nos prédécesseurs, permettra de suivre plus aisément cette lecture (*).

Nous n'avons pu marquer d'autre division dans le tertiaire que celle entre l'éocène, si souvent rapproché du crétacé, et les terrains superposés. Outre que cela aurait nécessité, pour notre carte, une échelle trop forte, la divergence des dénominations et souvent l'insuffisance des déterminations rendaient un pareil travail impossible. Cependant des lettres indiquent, autant que possible, dans chaque région, le sous-étage dominant (**).

(*) Les courbes bathymétriques sont extraites des travaux de la mission autrichienne (1890 à 1894).

(**) Il est à noter que le levantin de Hochstetter était plus étendu que l'ensemble de couches désigné aujourd'hui sous le même nom, et comprenait des couches plus anciennes. Quand on essaye d'établir la concordance des divisions de Tchihatcheff avec celles de Hochstetter, comme le fait le tableau ci-joint, on voit que le tertiaire supérieur, ou aralocaspien du géologue russe, correspond à peu près au levantin (c'est-à-dire à une partie du pontien, du plaisancien et de l'astien). Le faciès marin ou saumâtre de cet étage, qui figure dans la nomenclature et qui est très rare d'après le texte (Dardanelles, Constantinople, etc.), a dû être souvent confondu par lui avec le faciès lacustre, considéré comme plus récent (III, 465).

Son tertiaire moyen lacustre paraît pouvoir être assimilé avec le pontien. Au dessous, les couches marines du tertiaire moyen, très riches en gisements de sel, doivent, d'après l'auteur, correspondre au miocène inférieur ; car l'auteur insiste (III, 124) sur l'absence du sarmatien et du tortonien (Leithakalk) en Asie Mineure.

Enfin le tertiaire inférieur, qui repose directement sur les terrains

Tableau de concordance des désignations de terrains miocènes et pliocènes.

	MUNIER-CHALMAS et DE LAPPARENT	NEUMAYR (*loc. cit.*, p. 271)	VON HOCHSTETTER	TCHIHATCHEFF	ÉQUIVALENTS CLASSIQUES	REPRÉSENTANTS DANS LA MER ÉGÉE
	Pléistocène		Thracien			Thrace (Erkéné).
Pliocène	Sicilien.....	2e faune pliocène	....	....	Monte Pellegrino, Monte Mario, Durfort.	Kos, Rhodes, Attique.
Pliocène	Astien......	1re faune pliocène	Levantin	....	Sienne, Asti, couches à vivipares de Roumanie.	
Pliocène	Plaisancien (ou levantin)			Tertiaire supérieur ou aralocaspien (21,22)	Plaisance, Montpellier, couches à paludines du Levant.	Kos, Rhodes, Crète, Livonates en Locride, Chalcidique, Rodosto, etc.
Miocène	Pontien		Pontien	Tertiaire moyen lacustre (20)	Pont, Roumanie, Ancône, Attique, crag d'Anvers, mont Luberon.	Pikermi, Megara, Trakones (Attique), Kumi, Mételin, Troade, Samos.
Miocène	Sarmatien..	3e faune miocène	Sarmatien	....	Rossignano.	Constantinople, Hellespont, Troie, Ténédos, Chios, Thrace, Kalamaki (Corinthe), Livonates.
Miocène	Tortonien...	2e faune miocène 2e étage méditerr.	Miocène marin méditerranéen	....	Leithakalk de Vienne, Tortone, Oeningen.	
Miocène	Helvétien...	1re faune miocène 1er étage méditerr. (Schlier)	"	Tertiaire moyen marin (19) (?)	Mollasse marine, faluns de Touraine.	Carie.
Miocène	Burdigalien.				Sables de l'Orléanais.	

Le petit tableau ci-contre permettra d'apprécier les assimilations que nous avons admises entre les dénominations des divers auteurs (*).

Pour mettre de l'ordre dans cette description, nous ferons le tour de la mer Égée, de l'est à l'ouest, dans le sens des aiguilles d'une montre, en commençant par Samothraki.

Samothraki. — La géologie de Samothraki est due à M. Rudolf Hœrnes, 1874 (voir Pl. IV, *fig.* 4).

D'après lui, cette île montagneuse, qui atteint 1.700 mètres d'altitude, se compose essentiellement, comme Thasos, d'un lambeau de chaîne cristalline primaire dirigé N.E.-S.O., c'est-à-dire concordant avec les chaînes du Kuru-dagh et du Tekir-dagh, près du golfe de Saros, sur le continent. Ces terrains cristallins ont été recoupés par des éruptions de roches trachytiques tertiaires et sont recouverts, en stratification discordante, par des terrains tertiaires, qui commencent au nummulitique et se continuent par des formations absolument récentes.

1° *Chaîne ancienne.* — La chaîne ancienne comprend elle-même un massif de granite à amphibole, situé, au sud-est, dans une voûte anticlinale de schistes cristallins, qui pendent des deux côtés, en sens inverse.

---

de transition, est un terrain principalement marin, assimilable ou nummulitique (II, 437 à 465).

De même que nous n'avons pu séparer les divers étages du tertiaire, il nous a paru impossible de distinguer, d'après leurs caractères pétrographiques, les terrains primaires de ce que l'on appelait autrefois les terrains primitifs, les gneiss, micaschistes, etc., n'étant, en résumé, suivant nous, que des produits de métamorphisme plus ou moins avancés de sédiments, qui peuvent avoir un âge très variable. Si l'on se fiait uniquement au faciès, la série de Thrace et de Thasos serait peut-être plus ancienne que celle de Mételin. Nous avons dû également, faute de renseignements assez précis, laisser confondus avec ces terrains primaires les granites à amphibole, syénites, etc., du mont Ida, de Samothraki et de Thrace.

(*) Les nombres indiqués dans la colonne Tchihatcheff sont ceux que porte sa carte de la Turquie d'Asie.

Au-dessus du granite, on trouve, d'abord, des schistes argileux, avec nombreuses intercalations de calcaires métamorphiques, parfois chargés de grenat au contact des trachytes. Les plus hauts sommets de l'île se trouvent dans cette zone schisteuse ; mais plusieurs d'entre eux, Hagios Georgios, Hagia Sophia, Hagios Elias et Phengari, sont sur des pointements isolés de trachyte au milieu de ces schistes (*).

Le flanc ouest de l'Hagios Georgios comprend des schistes à amphibole, parfois épidotifères, dans lesquels il existe des filons de quartz avec pyrite et galène. Enfin, dans la même zone, on trouve des roches à bastite et des serpentines, associées, comme à Mételin, avec les terrains primaires et situées près de sources chaudes, sulfureuses, dont la température est de 60 à 80°.

D'une façon générale, il y a lieu de remarquer que la direction nord-ouest des couches est fortement oblique sur celle de la chaîne orographique, comme on l'observe également dans la Chalcidique, le promontoire de Magnésie, au mont Athos, etc.

2° *Trachyte.* — Les roches, qualifiées par Hœrnes de trachytes à sanidine, oligoclase et hornblende, qui doivent correspondre à nos trachyandésites de Lemnos et Mételin, appartiennent probablement au tertiaire inférieur ; leur couleur varie du gris au brun rouge ; elles forment, dans l'ouest, les rochers escarpés de Brechos, de Torglé et des environs de Paleopolis. Suivant Hœrnes, ces lambeaux de trachyte, que l'on trouve sur les sommets de Samothraki, proviendraient d'une grande coulée de lave démantelée par l'érosion.

En relation avec ces trachytes, on trouve, de même

(*) Virlet parle de Spirifères siluriens trouvés dans les calcaires intercalés au milieu des schistes métamorphiques de Samothraki. M. Hœrnes n'a pas confirmé cette découverte.

qu'à Mételin et à Lemnos, de grandes quantités de tufs volcaniques, variant du bleu verdâtre au brun rouge et intercalés dans une série de grès et conglomérats grossiers, qui surmontent le calcaire nummulitique. Ces tufs renferment, dans plusieurs endroits (pied du Brechos, etc.) de la pyrite de cuivre et de la malachite.

3° *Terrains tertiaires.* — Sur le pied ouest de l'Hagios Georgios se trouve un lambeau de calcaire nummulitique noirâtre, qui paraît antérieur aux roches trachytiques. Celles-ci sont, à leur tour, surmontées par des terrains de sables et de conglomérats horizontaux, probablement diluviens, que l'on trouve notamment près du Xero Potamos. Enfin, dans l'ouest de l'ile, on observe des formations marines tout à fait récentes, qui doivent correspondre à notre lumachelle quaternaire de Pournia, à Lemnos, située juste en face, de l'autre côté du bras de mer.

Imbros. — Sur l'ile d'Imbros, dont les rapports avec Lemnos et Samothraki seraient si intéressants à étudier, on ne possède (à notre connaissance du moins) aucune notion sérieuse.

D'après Viquesnel, cette ile, assez plate en moyenne, mais dont le point le plus élevé atteint pourtant 653^{m},00, serait bordée au sud-ouest de rochers escarpés en trachyte amphibolique et micacé, avec des couches de cinérites sur le bord de la mer (*).

Nous savons, en outre, qu'on y a exploité des lignites, ce qui fait présumer qu'il y existe des terrains tertiaires, et peut-être M. Suess a-t-il eu quelques données sur ces gisements, quand il a écrit que le levantin existait à Imbros comme dans la presqu'ile de Gallipoli et sur le bord nord de la mer de Marmara, bien que cette notion d'âge paraisse empruntée à un travail ancien de Spratt.

(*) Mém. Soc. Géol., 2e sér., t. I, 1844, p. 259.

D'après des renseignements recueillis à Lemnos, il existerait, en outre, à Imbros, des roches vertes avec mouches de cuivre.

En résumé, s'il est permis de hasarder une hypothèse sur des données aussi vagues, on peut supposer qu'Imbros doit comprendre des terrains tertiaires pontiens ou levantins, des roches éruptives tertiaires et peut-être un lambeau primaire avec diorites dans sa plus haute crête (*).

Presqu'île de Gallipoli, Ténédos, Troade et Lydie. — En face de Samothraki, sur le continent, s'enfonce la dépression du golfe de Saros, entre les deux massifs primaires du Kuru-dagh et du Tékir-dagh, sur lesquels reposent des couches nummulitiques.

Au nord de ces dernières, une trainée est-ouest de terrain pontien se dirige vers Rodosto et se prolonge en ligne droite par les couches levantines et sarmatiennes, qui bordent au nord la mer de Marmara ; puis vient la grande plaine d'Erkene, occupée par des dépôts argileux ou marneux thraciens (postmiocène fluviatile) et diluviens, reposant directement sur les couches à congéries du pontien, qui remplacent là le sarmatien et le levantin.

Au sud, on entre dans une région de dépôts sarmatiens et levantins, qui composent le rivage thrace à l'est d'Enos, la presqu'île de Gallipoli et la côte asiatique des Dardanelles, de Lapsaki à Eski Stamboul, mais dans laquelle les divergences complètes de vues entre les paléontologues successifs font penser qu'on a pu confondre, avec ces niveaux, des terrains pontiens semblables à ceux de Mételin.

La dernière étude des terrains tertiaires de l'*Hellespont*

(*) Nous avons vainement cherché, dans l'étude de l'archéologue allemand Conze sur Imbros (*Reise auf den Inseln des Trakischen Meeres* 1860, p. 75 à 104) quelque indication géologique. Il dit seulement que l'île est presque aussi dénudée que Lemnos et qu'on n'y trouve pas de marbre statuaire analogue à celui de Thasos.

est due à MM. Calvert et Neumayr (*). D'après eux, il existe là, au-dessus des terrains primaires, une formation comprenant des conglomérats, grès, sables, marnes à lignites et calcaires, pouvant avoir 150 à 250 mètres de puissance, dont la base est composée de dépôts sarmatiens, surmontés par du pontien de l'âge de Pikermi et par du quaternaire.

C'est dans ces couches, rattachées autrefois par Tchihatcheff à l'aralocaspien, que se trouvent les dépôts d'argile plastique, auxquels la ville des Dardanelles doit son nom populaire de Tchanak Kalessi (château des vaisselles) et les amas de lignite, intercalés à Lapsaki (Lampsacus) entre une couche de grès à la base et de l'argile plastique au dessus (**).

(*) Denkschr. der K. Akad. d. Wissenschaften, Wien., t. XL, 1880, p. 357-378. Cet article contient (p. 388) une bibliographie antérieure. Nous suivons ici les conclusions de Neumayr pour l'âge de ces terrains. Tchihatcheff, au contraire, qui n'a parcouru que la rive asiatique, en rattachait les couches à l'Aralocaspien, c'est-à-dire à un faciès saumâtre du levantin (*loc. cit.*, III, 174 à 181). Von Hochstetter (*loc. cit.*, p. 376 et 387 à 389) arrivait, d'après les auteurs antérieurs et sans avoir visité lui-même la région, à une conclusion analogue. D'Archiac (dans VIQUESNEL, *Voyage en Turquie d'Europe, description de la Thrace*, 1840, t. II, p. 476) donne la liste suivante de fossiles de ces mêmes couches : *Melanopsis incerta*, Féruss.; *Melanopsis costata*, Fér.: *Neritina Danubialis*, Desh. (souvent encore colorée); *Melania curvicosta*, Desh.: *Cardium gracile*, Partsch; *Unio Delesserti*, Brong.; *Congeria* indéf.; *Cypris*. — Enfin Spratt (Quart. journ., XIV, 1858), nous renseigne sur l'île de Marmara (schistes métamorphiques, marbre et granite) et sur les autres petites îles volcaniques au voisinage, ainsi que sur les formations levantines de la région (p. 177 à 184). Il rapproche des couches de Rodosto des formations analogues à Ténédos, à Métclin, dans le golfe de Smyrne, à Chios, etc., pour en conclure l'existence, pendant le levantin, à la fin du miocène, d'un grand lac d'eau douce, ayant occupé toute la plaine d'Erkene en Thrace, la mer de Marmara, et jusqu'à une ligne est-ouest allant du sud de l'Eubée au Méandre. Nous avons vu que les dépôts de Métclin étaient d'âge pontien et souvent saumâtres.

(**) En dehors des lignites de Lapsaki, l'aralocaspien (levantin) de Koumbourgas, à l'ouest de Constantinople, sur le bord nord de la mer de Marmara, contient aussi quelques empreintes de feuilles : *Quercus lignitum*, Unger, et *Q. mediterranea*. La plupart des bassins lacustres à lignite de Turquie ont été classés par Von Hochstetter au-dessus du levantin et

Plus au sud, le même auteur décrit, au nord du massif serpentineux voisin d'Iné : des calcaires blancs lacustres pétris de coquilles; puis des calcaires et grès à *Anodonta hellespontica*, Fisch. et *Melanopsis costata.*, Fer., alternant avec des marnes sableuses.

Le gisement spécialement décrit par Neumayr est celui de Renkiöi, près de l'ancienne Troie.

A la base, des argiles, marnes et grès avec lignites terreux, sont caractérisés par: *Anodonta hellespontica*, Fisch.; *Unio Steindachneri*, Neumayr; *Unio Spratti*, Neum.; *Neritina Scamandri*, Neum.; *Melania hellespontica*, Neum.; *Melanopsis Troiana*, Hœrn. (équivalent de la *Mel. costata*); *Bithynia*; *Helix*; *Vivipara Hectoris*, Hœrn.; avec des ossements de *Phoca pontica*, Eichw., et *Cetotherium priscum*, Brandt.

Au dessus, viennent des calcaires marins avec *Mactra podolica*, Eichw., *Ervilia podolica*, Eichw.. *Tapes gregaria*, Partsch, c'est-à-dire nettement sarmatiens.

Le tout est surmonté par une faune analogue à celle de Pikermi, avec *Sus erymanthius*, Wagn.; *Tragoceros amaltheus*, Wagn.; *Camelopardalis attica*, Gaudry; *Mastodon longirostris*, Kaup, etc., et enfin par du pléistocène.

Neumayr, remarquant que les dépôts marins sarmatiens s'arrêtaient au sud de la Troade, en concluait que cette mer devait être alors limitée au sud. Après cette période, elle se serait retirée de l'Hellespont pour laisser un vaste continent reliant la Troade à l'Attique : ce qui expliquerait la présence d'animaux caractéristiques de Pikermi à Renkiöi et l'absence de tous dépôts marins pliocènes dans le nord de la mer Egée. Nous aurons à faire plus loin quelques restrictions à cette théorie.

à la base du Thracien. Tchihatcheff signale, en outre (III, p. 370 à 379), à l'ouest de Constantinople, vers Karaburun, des lignites dans le Thracien, au milieu d'argiles toutes chamarrées de coquilles brisées : *Venus*, *Ost. uncinata*, Desh., etc.).

A **Ténédos**, d'après Spratt (*), la partie ouest est en terrains lacustres, à *Paludina*, *Planorbis*, *Melanopsis* et *Cardium* (pontien?), surmontés par du sarmatien (*Mactra deltoides*, Dub.); la partie nord-est (mont Elias) est un piton trachytique.

Au sud du massif serpentineux situé en face de cette île, on trouve, vers Eski Stamboul (**), des calcaires et grès horizontaux à *Ostrea lamellosa*, *Ostrea undata* et *Pecten benedictus*.

Puis, en contournant la *Troade*, on rencontre, au sud, sur le golfe d'Adramiti ou Edremid, des terrains tertiaires, qui nous intéressent tout particulièrement par la proximité immédiate où ils se trouvent de Mételin et qui, d'après Tchihatcheff, représenteraient un terme lacustre du miocène, inférieur au levantin et probablement pontien.

Ces terrains, disloqués par les trachytes (***), vont de Beïram Kevi à Papazlu et sont formés principalement par des calcaires et marnes, avec fossiles lacustres: *Helix*; *Pupa troyana*, Fisch.; *Limnea Tchihatcheffi*, Fisch.; *Valvata orientalis*, Fisch.; *Neritina* cf. *bœtica*, Lam.; *Anodonta*.

Presque horizontaux sur la plage, ces terrains sont, au contraire, fortement redressés, quand on entre dans l'intérieur du pays. Leur épaisseur est très notable.

Au nord de Narlu, on a des conglomérats calcaires, associés avec des grès bruns à cassure parallélipipédique et des schistes calcaires.

Malgré les divergences de noms, trop fréquentes en paléontologie quand il s'agit de ces fossiles lacustres difficiles à déterminer, on retrouve là une série d'espèces

---

(*) *On the freshwater deposits of the Levant* (Quart. journ., 1858, t. XIV, p. 214).

(**) Tchihatcheff, III, 1.

(***) *Ibid.*, III, 6 à 14, et II, p. 210. Cf. *Paléontologie de l'Asie Mineure*, p. 333 à 345, et pl. VI.

analogues à celles de Mételin : ce qui confirme l'assimilation d'âge proposée avec elles.

A partir de Papazlu, la côte nord du golfe d'Adramiti est formée de calcaires foncés alternant avec des micaschistes (*) et l'on rencontre, vers Adramiti, des sables lacustres à débris d'algues et de végétaux divers, ou pliocènes, ou quaternaires (**), reposant sur des calcaires marneux ou sableux sans fossiles, rattachés par Tchihatcheff à la grande formation éocène, qui, selon lui, prend en écharpe toute l'Asie Mineure de Smyrne à Moudania (***).

Plus au sud, au cap Hagianos, nous-même, en longeant la côte en bateau à vapeur, avons pu voir des calcaires blancs tertiaires, recoupés par des basaltes, qui nous ont paru semblables à ceux des environs de Mételin, sur l'autre rive du détroit.

Enfin, pour terminer sommairement ce qui est relatif au tertiaire d'Asie Mineure, avant de passer aux autres roches et terrains de la Troade, nous ajouterons aussitôt quelques mots sur les autres formations de cet âge existant plus au sud.

Quand on a doublé le massif trachytique de Tchandarlik (ancienne Pitane), on voit, un peu au nord de ce village, d'épaisses couches de tuf blanc, auxquelles se rattache une intéressante question historique, celle des fameuses briques antiques en terre de Pitane, étonnamment légères et poreuses, que Pline célébrait déjà et grâce auxquelles les architectes de Justinien purent, prétend-on, exécuter la hardie coupole de Sainte-Sophie (****).

(*) *Ibid.*, I, 538.

(**) III, 187.

(***) II, 208 et 209. Cette formation, qui ne renferme pas de fossiles, pourrait également être crétacée.

(****) Tchihatcheff, I, 67 à 69 ; Cf. Ehrenberg, *Mikrogeologie*, p. 40. Tchihatcheff croit que, malgré leur nom, ces briques devaient provenir de Rhodes ou de la Carie.

Puis, en se dirigeant vers Elea et la célèbre nécropole antique de Myrina, on voit des calcaires et marnes avec rognons de silex, disloqués par les trachytes et sans fossiles (*).

Plus loin, aux environs de Smyrne (**), au nord du mont Pagus et au-dessus de Bournabat, se trouvent des calcaires à silex et des marnes avec *Helix*, *Planorbis*, *Limnea*, *Paludina*, *Unio*, *Cypris*, etc., et de nombreuses empreintes de feuilles, qui, d'après Fischer, seraient probablement miocènes.

En *Phrygie*, le levantin (?) forme une série de dépôts, disséminés au milieu des terrains primaires, notamment au nord de Kioutahia (***), où se trouve, dans le bassin du Sakaria et du Kioutahia, un important bassin tertiaire avec conglomérats, grès, marnes, dépôts de gypse, etc., sur lequel sont placées les exploitations de borate de chaux de Sultan Tchair et de magnésite d'Eskischeir. Ce bassin de Kioutahia et celui d'Ouschak et Afioun Karahissar, plus au sud, paraissent former l'extrémité ouest des grandes formations, qui occupent, jusqu'à la chaîne du Taurus cilicien, la dépression des déserts salés de Lycaonie.

Enfin, en *Pisidie*, on retrouve une autre large zone de terrains éocènes, bien caractérisés par leurs nummulites (****), avec intercalation de massifs serpentineux.

Revenons maintenant en *Troade* pour y étudier les serpentines, les roches éruptives et les terrains primaires,

---

(*) *Ibid.*, II, 193 à 196.

(**) *Ibid.*, II, 172. Cf. Hamilton et Strickland, Trans. of the geol. Soc. of London, 1840, t. V, p. 395; Fischer (*Paléontologie de l'Asie Mineure*, p. 329); Spratt et Forbes, Quart. journ. of the geol. Soc. of London, t. I, p. 156.

(***) Tchihatcheff, III, 242 à 265 et III, 308.

(****) L'éocène fossilifère se retrouve également net à Samsoun. Souvent, à la partie supérieure de cet étage, on a (II, 463) d'importants dépôts arénacés et gypseux sans aucun fossile.

qui, avec le tertiaire décrit plus haut, constituent cette région.

Nous commencerons par les serpentines, dont nous n'avons que quelques mots à dire.

Ces serpentines, qui forment un massif important entre Iné et Eski Stamboul, seraient peut-être là, si on se fie aux observations un peu sommaires de Tchihatcheff(*), dans des conditions analogues à celles de Mételin, antérieures aux dépôts tertiaires qui passent par dessus et juxtaposées par faille aux trachytes dans la vallée du Scamandre.

Il en est tout autrement de la plupart des autres serpentines d'Asie Mineure, et notamment de celles de Pisidie, qui, de même que celles de Rhodes, de l'Eubée ou de Grèce, se rattachent aux formations crétacées ou éocènes. Dans le Taurus, M. Brisse a retrouvé, de même, deux venues serpentineuses distinctes, l'une primaire, l'autre éocène : ce qui a été fréquemment constaté dans la région méditerranéenne (**).

Quant à la grande masse trachytique, qui constitue la majeure partie de la Troade entre les dépôts levantins à l'ouest et les couches primaires à l'est, elle est particulièrement intéressante pour nous par la façon, remarquablement nette, dont elle prolonge, sur la carte, les formations semblables de Mételin.

La description des trachytes (***) semble accentuer encore ce rapprochement. On y retrouve la même variété dominante d'andésites grises ou rosées à mica noir, passant à des roches plus compactes, avec amphibole, ou à des obsidiennes : le tout associé avec de puissantes masses

(*) I, 414 à 416.

(**) Notons en passant que les fameux feux naturels de la Chimère en Lycie (*loc. cit.*, I, 424 à 431), rapprochés par Tchihatcheff de ceux d'Apollonia en Albanie, sortent de la serpentine.

(***) *Loc. cit.*, I, 17.

de tufs, disposés en strates régulières et recoupé par quelques pointements basaltiques.

C'est au milieu de ces trachytes que se trouvent les sources chaudes et jaillissantes de Tuzla (*), sources chlorurées sodiques, à plus de 100°, lançant des jets d'eau en tous sens et comparables, par la plupart de leurs caractères, à celle de Polichnitos à Mételin, dans la direction desquelles s'allongent leurs émergences.

Au sud de cette grande masse trachytique de la Troade, on retrouve des roches semblables entre Tchandarlik et Pergame; puis, à l'est de Myrina, vers Foggia, et enfin autour de Smyrne, notamment au mont Pagus. De Bergama (Pergame) à Tchandarlik (**), les tufs et conglomérats stratifiés jouent un rôle très important.

A Smyrne, sur le flanc N.-O. du mont Pagus, les trachytes recoupent des calcaires lacustres à *Helix* et *Unio*, sur lesquels leurs coulées reposent, paraît-il, en concordance (***).

Enfin nous arrivons à la zone primaire de Mysie, et du mont Ida.

D'une façon générale, dans les deux grandes zones primaires que représente notre carte en Asie Mineure, nous avons confondu ce que Tchihatcheff appelle les terrains de transition indéterminés (calcaires et thonschiefer), avec les micaschistes, chloritoschistes, gneiss (****) (le dé-

---

(*) *Ibid.*, p. 21 à 26, et *Bosphore*, p. 378, pl. II. On exploite le sel produit par les sources de Tuzla. Dans cette région, à Bergas (Assos), (Petermanns Mittheil., 1862, p. 238), la tradition rapporte qu'il existait des pierres assez brûlantes pour consumer aussitôt les cadavres qu'on y ensevelissait. Ce sont des signes probables d'activité volcanique récente, à rapprocher de notre discussion sur les gaz combustibles et les volcans de Lemnos.

(**) I, 59 à 69.

(***) I, 71 à 73.

(****) Voir I, 9 à 12, la distinction de ces divers terrains. Tchihatcheff penche visiblement pour l'origine métamorphique de toute cette série, aussi bien des granites et gneiss que du reste (I, p. 346 et 355) et cite,

vonien du Bosphore étant seul distingué par une teinte spéciale), et même les granites, syénites, eurites, etc., bien que leur âge réel puisse donner lieu, paraît-il, à discussion, l'importance de ces dernières roches, dans la région représentée par notre carte, étant d'ailleurs très restreinte.

Les terrains de transition indéterminés de Mysie présentent, en divers points, à Inova (*), sur le versant sud du mont Ida, etc., des alternances de micaschistes et de calcaires gris ou blanchâtres, paraissant ressembler aux terrains de Mételin.

Dans la mer de Marmara, le sud de la presqu'île de Cysicus présente, d'après Hamilton et Strickland, des alternances analogues de schistes argileux micacés et marbres blancs fortement inclinés au sud-ouest.

C'est au milieu de terrains métamorphiques que se trouve le grand massif syénitique du mont Ida (**), ceint de schistes amphiboliques, avec diorites (***) et calcaires. Les alternances de syénite, calcaire noir, thonschiefer et micaschistes sont là continuelles et se prolongent jus-

---

beaucoup plus à l'est, dans la région d'Yuzgat et Akdagh Maden, au sud de Samsoun et Amasia, des exemples intéressants de granites traversant et métamorphisant des calcaires probablement tertiaires (I, p. 346 à 352). Il croit également (I, p. 465) à l'âge tertiaire des syénites, porphyres pyroxéniques, etc., d'Asie Mineure. Mais ces observations s'appliquent à une région laissée en dehors de notre carte, où les phémonènes ont pu être différents.

(*) *Loc. cit.*, I, p. 537. Tchihatcheff cite, entre Guredjé et Demetoka, une formation de thonschiefer foncés, luisants et de calcaires bleuâtres recoupés par des trachytes ; au mont Arakbir, il a vu du calcaire noir passant au schiste verdâtre presque toujours verticalement redressé. Enfin, vers Maouris, le même ensemble passe à un faciès plus ancien et franchement micaschisteux.

(**) I, 359 à 364 et 461.

(***) Tchihatcheff cite (I, 403) des diorites situées à Ourkhanlar, au sud-ouest de Brousse, qui renferment des fragments de trachytes. Celles du versant sud de l'Olympe de Bithynie (p. 408) alternent avec des calcaires schisteux et des talcschistes. Il est très probable que ces « diorites » sont des roches métamorphiques, dont il est difficile de préciser la nature.

qu'aux environs d'Adramiti. Tchihatcheff a particulièrement insisté sur le rapport intime entre la syénite et le calcaire : rapprochement tout à fait conforme à l'hypothèse que nous émettons plus haut, d'après nos propres observations, sur l'origine métamorphique de ces diverses roches et notamment de leur amphibole, formée peut-être aux dépens des calcaires magnésiens(*).

Le granite, dont nous avons plus haut signalé la présence à Samothraki, n'a pas été rencontré par Tchihatcheff dans les terrains métamorphiques de Mysie, non plus que par nous dans la zone correspondante de Mételin. Il faut, pour en trouver des pointements, gagner l'Olympe de Bithynie (**), où, d'après de Verneuil, il se trouve au milieu de calcaires, micaschistes et gneiss.

La grande zone primaire de Bithynie, Phrygie et Carie, que nous abordons ainsi à l'Olympe, montre, en général(***), comme la précédente, des alternances de calcaires, tantôt foncés, tantôt blancs, schisteux, fibreux, grenus, de micaschistes, de gneiss, de thonschiefer, etc., et ces diverses roches passent sans cesse de l'une à l'autre.

Ce caractère, que présentent également nos terrains primaires de Mételin et de Thasos, ainsi que ceux de la Chalcidique et de la Thessalie, établit bien l'homogénéité de tout cet ensemble. L'abondance des calcaires et l'absence des granites le distinguent de nos terrains cristallophylliens de la chaîne hercynienne (Plateau central, Bohême, etc.) et le rapprochent, au contraire, des ter-

(*) P. 29.

(**) Ce manque de granites au milieu de ces terrains cristallophylliens est curieux à noter. Un petit pointement granulitique existe au sud d'Inova (*loc. cit.*, I, 338). Tchihatcheff signale (p. 144), auprès de Balikesri, un étroit pointement granitique (?), dont la vraie nature serait à déterminer.

(***) Notamment vers Akhissar (I, 541), au bord du Méandre (I, 584), au sud de Smyrne, en Carie (I, 327), etc.

7

rains métamorphiques d'âge récent, tels que le crétacé à l'ouest de Smyrne, avec lesquels Tchihatcheff note déjà (comme, plus tard, Neumayr en Grèce) la difficulté de le distinguer (*).

Ionie. — Chios. — Kos. — Cyclades, etc. — En descendant à la hauteur de l'Ionie et de Chios, nous entrons dans une zone de terrains très différente de celles que nous avons étudiées jusqu'ici, et nous retrouvons les terrains crétacés bien caractérisés, qui, au nord, forment également une grande zone allant des Balkans à la Bithynie, mais qui, dans l'intervalle, ne paraissent pas représentés.

Le crétacé à hippurites commence aux environs de Smyrne (mont Sipylus), avec un aspect très métamorphique (**) et se continue, d'après Spratt, par des types non fossilifères dans la presqu'île ionienne (***), formant là, ainsi qu'à Chios, le sommet des plateaux, au-dessus d'un ensemble de grès et schistes primaires (peut-être carbonifères d'après Teller), aux directions N.E.-S.O. Il est intéressant de noter, dans cette série ancienne, au nord de la pointe de Karabournou, une intercalation serpentineuse, qui peut prolonger celles de Mételin. A l'est, au mont Corax, elle renferme des schistes micacés, quartzites, etc. Enfin des calcaires tertiaires d'eau douce se montrent sur le pourtour du golfe de Smyrne, dans le promontoire de Vourlah, etc. Des calcaires tertiaires, grès et schistes d'eau douce apparaissent sur la côte est de Karabournou.

Chios, d'après Teller (****), est composé : à l'est et à

(*) Tchihatcheff, t. I, p. 546.

(**) *Ibid.*, II, 32. Tchihatcheff n'a pas visité la presqu'île ionienne.

(***) *On the gulf of Smyrna and promontory of Karabournou* (Quart. journ. London, 1845, t. I, p. 156 à 164, avec carte géologique).

(****) Denkschr. der Akadem. der Wissenschaften, Wien, 1880, t. XL, p. 340 à 356, avec carte géologique en couleur et bibliographie, p. 340.

l'ouest, de terrains primaires, probablement carbonifères et permiens; au centre, de crétacé hypothétique; au sud-est, de tertiaire (sarmatien) avec un pointement d'andésite amphibolique au nord, près de la mine d'antimoine de Keramo.

Un niveau inférieur à ceux de Chios paraît donné par l'îlot de Spalmatori, formé de micaschistes et de phyllites.

A l'est de Chios, près du port de Kastro, des schistes et grès métamorphiques, contenant d'assez nombreuses intercalations serpentineuses, sont recouverts en stratification discordante par le crétacé.

Au nord, à Kardamyle, un lambeau primaire reparaît, accompagné de calcaire à fusulines (*Fusulina Suessi*, St.) probablement de l'âge du carbonifère supérieur.

Enfin, dans l'ouest, des grès micacés à grain fin alternent avec des schistes d'aspect paléozoïque et des intercalations fréquentes de quartzites verdâtres et de calcaires noirs.

Le tertiaire de Chios, que MM. Teller et Stur considèrent un peu hypothétiquement, d'après sa flore, comme un type essentiellement lacustre du sarmatien et que l'on pourrait peut-être rajeunir, présente la coupe suivante, de haut en bas, à Nenita et à Neochori Tholon :

1. Calcaires tuffacés et marnes grises, avec *Hydrobia sepulcralis*, Partsch, et fruits de *Ruppia Telleri*, Stur.
2. Marnes gréseuses, et calcaires bitumineux, avec *Limnea megarensis*, Gaud. et Fisch.; *Planorbis*, sp.; graines de chara.
3. Niveau de lignite, avec empreintes de feuilles.

On ne peut manquer de remarquer une certaine analogie entre ce gisement de lignite et celui du mont Orthymnos à Mételin.

Samos, d'après de Stefani, Forsyth Major et William

Barbey (*), comprend : 1° de grands massifs de schistes cristallins, marbres et diorites, qui forment les principaux sommets de l'île : à l'ouest, le Kerki (1.440 mètres) ; au centre, l'Ampelos ; et 2° des terrains tertiaires lacustres, en majeure partie de l'étage pontien, remplissant des dépressions : à l'est, autour de Mitylini, entre Kokkari et le cap Colonna ; à l'ouest, entre les montagnes du Kerki et de l'Ampelos.

Les terrains métamorphiques renferment quelques gîtes de fer, de plomb et de zinc.

Les bassins tertiaires comprennent : à la base, des conglomérats, probablement crétacés ou éocènes ; puis des tufs volcaniques, renfermant une abondante faune de vertébrés, comparables à ceux de Pikermi ; des marnes à empreintes de plantes et des travertins riches en débris de plantes et coquillages.

Les principaux mollusques du bassin oriental sont, d'après Forsyth Major : *Helix (Helicogena) Barbeyana ; Helix Sprattiana ; Buliminus Samius ; Limnæa palustris ; Planorbis Corneus ; Melania Escheri.*

En outre, vers le cap Colonna, au sud de l'île, des marais tourbeux, où s'est déposée une argile grise, contiennent des débris de mammifères.

Kos, bien que sortant un peu de notre champ d'études, mérite une courte description à cause des travaux détaillés auxquels cette île a donné lieu, de la part de Forbes et Spratt, puis de Gorceix et Tournouer, enfin de Neumayr et Hœrnes (**).

(*) *Samos. Étude géologique, paléontologique et botanique*, 1 vol. à Lausanne, 1892. — Cf. 1847 : SPRATT, *Remarks on the geology of the Island of Samos* (Quarter. journ. of the geolog. Soc., 1847, p. 65. — 1875 : R. NASSE, *Ein Ausflug. nach Samos* (Zeitsch. der Gesellsch. für Erdkunde, t. X, Berlin).

(**) 1847 : FORBES et SPRATT, *Travels in Lycia*. — 1873 : GORCEIX et TOURNOUER, *Geologie de Kos* (B. S. G., 1873, p. 146 à 398 ; *C. R.*, 1874, p. 456 ; Ann. Ecole normale, 1876, série II, t. V, p. 205). — 1875 : DOELTER, *Roches de Kos* (Verh. der geol. Reichs. 1875, p. 234). — 1880 : NEUMAYR

Cette île comprend : des marbres et schistes métamorphiques ; du crétacé ; des marnes levantines ; une importante formation de pliocène supérieur marin, avec couches stratifiées de tufs rhyolithiques et quelques pointements de trachyte, andésite augitique et rhyolithe.

Les marbres et schistes métamorphiques sont, d'après Neumayr (*), nettement distincts du crétacé.

Le tertiaire offre deux étages principaux : marnes levantines et calcaires, en couches très redressées, atteignant des altitudes de 350 mètres; dépôts marins du pliocène supérieur, peu inclinés et localisés dans les parties basses.

L'étage inférieur, qui renferme une faune très analogue à celle des couches à paludines de Slavonie, comprend, du haut en bas, dans l'est de l'île, au cap Phuka :

Marnes grisâtres à paludines avec *Viripara Gorceixi; Vir. Forbesi; Viv. Tournoueri; Melanopsis Aegea ; Mel. Semiplicata ; Neritina Coa.*

Calcaires siliceux et silex d'eau douce, avec planorbes.

Marnes blanches très épaisses sans fossiles.

Le pliocène marin, très développé dans tout l'ouest de l'île, présente, à la base, une couche à gros bivalves avec *Lucina borealis*, L., *Turbo rugosus*, L., *Trochus magus*, L., *Tapes rotundata*, Brocchi et, au dessus, une couche très riche en fossiles marins (avec mélange de quelques formes d'eau douce enlevées au levantin) : *Arca diluvii*, Lam. ; *Cardium edule*, L. ; *Trochus exiguus*, Pult.; *Cerithium vulgatum*, Brug. ; *Cer. scabrum*, L. ; *Nassa incrassata*, Müll. ; *Conus mediterraneus*, Brug. ; *Murex brandaris*, L. ; *Murex conglobatus*. Mich., etc., etc.

(Denkschr. d. Ak. in Wien., t. XL, p. 213 à 314, avec carte géologique).

Neumayr dit incidemment, p. 222, ligne 18, avoir vu à Imbros et à Lemnos des calcaires d'eau douce levantins. Nous n'en avons pas trouvé trace dans cette dernière île.

(*) *Loc. cit.*, p. 221.

C'est la seconde faune pliocène de Neumayr, également développée à Rhodes, et équivalente au sicilien du mont Pellegrino (près Palerme) et du mont Mario (près Rome) (*).

Au-dessus de ces couches se présentent de très importants dépôts de tufs rhyolithiques à gros galets d'andésite, ayant dû subir une sédimentation marine (**). Il existe, d'ailleurs, dans l'ile, au sud-est, un pointement de rhyolithe et, au nord-est, des pointements trachytiques d'âge levantin, postérieurs aux marnes blanches, antérieurs aux marnes à paludines.

Ces roches éruptives se relieraient, suivant Neumayr, à la chaine volcanique, qui commence à l'est par Nisiros et son entourage (Yali, etc.), puis gagne Santorin, Milo, Aegina, etc.

Plus au sud encore, **Rhodes** (***), d'après Bukowski, comprend du crétacé, des serpentines et deux niveaux pliocènes équivalents à ceux de Kos (levantin lacustre et silicien marin).

Mais nous entrons là dans une région toute différente de celle qui nous intéresse.

Dans les **Cyclades**, nous avons la chaine éruptive de Santorin (****) et Milo (*****), une grande majorité d'ilots formés de terrains primaires, schistes métamorphiques, gneiss et marbres comme Naxos, Paros, Syphnos, Seri-

---

(*) Voir Neumayr, p. 242 et 243, la liste complète de cette faune.

(**) Voir, sur ces roches éruptives, Neumayr, *loc. cit.*, p. 225 et 229. La formation de ces tufs présente quelques obscurités. Gorceix en a trouvé le prolongement au sud dans l'ile de Yali, avec des fossiles de formes très récentes.

(***) Nous avons donné, dans la *Revue archéologique* de 1895, un résumé géologique sur Rhodes. Voir Bukowski, 1889, Sitzber. d. Ak. in Wien., t. XCVIII.

(****) Sur Santorin, voir le grand ouvrage de M. Fouqué, 1879. *Santorin et ses éruptions.*

(*****) Nous avons donné, dans le *Bulletin des Annales des Mines* de septembre 1894, un résumé géologique sur Milo.

phos, Syra, Mykonos, Tinos, Andros, etc. (*), et quelques îles où reparaissent les terrains crétacés, souvent avec un soubassement primaire, Anaphi, Amurgos.

Le groupe de **Santorin** (Thera, Therasia et Aspronisi) comprend, d'après M. Fouqué, un massif de marbre et phyllades, à l'est de Thera ; le reste étant formé d'une série volcanique tout à fait récente, qui présente, à sa base, des intercalations de couches fossilifères du sicilien (pliocène supérieur) et a été encore notablement accrue par les éruptions historiques de 197 et 46 av. J.-C., 726, 1457, 1650, 1707 et 1866.

Les éruptions paraissent avoir commencé là, sous la mer, à l'époque pliocène, par des andésites amphiboliques et dacites avec tufs (sud-ouest de Thera, vers Acrotiri) (**).

Elles ont continué ensuite à l'air libre par une série de plus en plus acide : labradorites à anorthite, puis à labrador, du Megali Vouno et du petit Saint-Elie ; andésites augitiques ; enfin andésites à cristaux anciens de pyroxène et obsidiennes, ayant constitué la majeure partie des éruptions récentes.

Polycandros, autrefois considéré comme volcanique, renferme, d'après M. Lacroix (***), des marbres blancs alternant avec des phyllades grises, des chloritoschites, micaschistes, calcschistes à glaucophane, etc.

Milo présente : au sud, une chaîne de schistes métamorphiques et calcaires cristallins, avec quelques dépôts

---

(*) Syra, Syphnos et Tinos ont été étudiés par FOULLON et GOLDSCHMIDT (Jahrb. d. g. Reichs, 1887, t. XXXVII, p. 1 à 34, avec cartes géologiques des trois îles). Antérieurement, les roches à glaucophane de Syra avaient été décrites par M. Fouqué et par M. Luedecke (Zeitsch. d. Deutsch. geol. Gesellschaft, 1876). L'ouvrage de Lepsius sur l'Attique nous renseigne incidemment sur Paros, Naxos et Seriphos. Polycandros a été visité en 1896 par M. Lacroix. Naxos présente du granite. — Voir encore : 1897, PHILIPPSON, *Die griechischen Inseln des Aegaischen Meeres* (Verh. d. Gesellsch. f. Erkdkunde zu Berlin, 1897, nos 4 et 5, avec carte).

(**) FOUQUÉ, *Santorin*, 1879, p. 380 à 392.

(***) LACROIX, *Ile de Polycandros* (*C. R.*, 1897, t. CXXIV, p. 627).

pliocènes ; au nord, des roches éruptives récentes : andésites à augite et mica noir, liparites, etc., avec des barytines argentifères associées à des minerais de manganèse.

Syra, d'après Foullon et Goldschmidt, comprend des alternances constantes de calcaires souvent zonés et schisteux et de schistes cristallins, ou gneiss, que les auteurs ont comparés aux roches des Alpes. Les schistes cristallins renferment des variétés diverses à épidote, à muscovite, à glaucophane, à hornblende et à épidote ; à glaucophane et augite. Les gneiss et schistes à épidote dominent ; les roches à augite sont exceptionnelles.

Syphnos, tout à fait analogue, présente également des gneiss, schistes à glaucophane et marbres.

Enfin, à **Tinos,** on a, au monte Furco, du gneiss à albite, avec assez nombreuses intercalations serpentineuses et roches amphiboliques, puis des schistes cristallins alternant avec des calcaires.

Morée. — En *Morée*, d'après A. Philippson (*), on retrouve encore, comme soubassement, une formation de schistes et calcaires métamorphiques, avec rares micaschistes, quartzites et serpentines, qui paraît, de même qu'en Attique, être réellement distincte des terrains secondaires superposés en discordance et notamment du calcaire de Tripolitza (crétacé supérieur), mais ne présente pas de types aussi franchement cristallins (granite, gneiss, etc.) qu'en Thessalie, en Macédoine, ou dans certaines Cyclades. Les marbres constituent notamment une grande partie de la presqu'île centrale du cap Matapan.

Au dessus, vient, dans l'ordre de succession stratigraphique : le tithonique, représenté seulement par quelques lambeaux isolés, entre Nauplie, Épidaure et Corinthe

(*) *Der Peloponnes*, 1892. Partie géologique de la page 385 à 455. Cf. la carte géologique de Boblaye et Virlet en 1833.

(calcaire de Cheli) (*) ; puis le crétacé, qui, en Argolide, débute par des schistes, grès et serpentines, avec hornstein rougeâtres et intercalations calcaires (schistes de Lygurio) et se continue par les calcaires à rudistes de Phanari (**).

Dans le Péloponèse central le terrain cristallin est immédiatement recouvert, en discordance, par le calcaire à rudistes de Tripolitza, épais de 500 à 1.000 mètres, calcaire noirâtre, mal stratifié et souvent métamorphique, qui, à la partie supérieure, se charge, paraît-il, de foraminifères éocènes.

Dans l'ouest, ce niveau est remplacé par le calcaire de Pylos, où se retrouve, dit-on, le même mélange de rudistes et de nummulites, plusieurs fois signalé, à tort ou à raison, en Orient (***) ; mais ce calcaire, en Ætolie et en Acarnanie, se montre intercalé dans les schistes et grès du flysch.

D'une façon générale, les calcaires de Tripolitza et de Pylos, qui paraissent à peu près équivalents, sont surmontés, en discordance, par le système principal du flysch : schistes ; grès verdâtres ou gris compacts ; rares intercalations de calcaire, renfermant parfois des nummulites éocènes ; parfois conglomérats en Messénie ; le tout avec empreintes de plantes carbonisées, arrivant à former une petite couche de lignite au cap Gallo.

Ce flysch est recouvert, à son tour, par un calcaire lithographique en plaquettes, dit calcaire d'Olonos (****).

(*) Le trias marin a été trouvé récemment à Mycènes (DOUVILLÉ, B. S. G., 1896, p. 799), où il paraît être recouvert en discordance par du jurassique supérieur, bien caractérisé plus loin, à Nauplie, avec *Heterodiceras*, nérinées et galets de serpentine, et par un poudingue néogène.

(**) Voir le tableau des terrains dans Philippson, *loc. cit.*, p. 405.

(***) En Grèce, en Albanie, en Crète, à Rhodes, en Lycie. — Voir, à ce sujet, l'étude de Philippson, p. 392 à 395.

(****) Cette coupe avait déjà été donnée par l'expédition de Morée : calcaires bleus (de Tripolitza) ; grès verts inférieurs (flysch) ; calcaire lithographique (d'Olonos).

Au crétacé sont associées, dans l'est du Péloponèse, des serpentines paraissant dériver de gabbros.

Puis viennent, en discordance et sans intercalation connue de miocène, le pliocène et le pléistocène inférieur, formés de trois niveaux, de bas en haut :

1° Marnes sableuses, ou grès calcaires (*Poros*, pierre de taille du pays), avec lignites, bitume (à Lintzi, Zante, Selenitza) et gypses (à Chlemutzi, ouest du Péloponèse) ; — levantin ou pliocène inférieur (*) ;

2° Conglomérats puissants, ayant jusqu'à 800 mètres d'épaisseur dans l'est de l'Achaie, dont l'équivalent existe à Rhodes, en Locride, en Eubée, etc. (formations torrentielles du levantin) (?) ;

3° Grès et conglomérats marins, probablement pléistocènes (à l'isthme de Corinthe), avec *Strombus mediterraneus* et *Mamma* sp., caractéristiques des plages soulevées (quaternaire inférieur) de l'Algérie et de la Tunisie.

Ces couches récentes ont subi, à leur tour, des dislocations considérables, et M. Philippson, remarquant que, dans le nord du Péloponèse, les dépôts de conglomérats du pliocène inférieur atteignaient 1.800 mètres d'altitude, en a conclu que des surélèvements relatifs et restreints avaient dû se produire en même temps que les effondrements.

Attique. — La géologie de l'*Attique* a été récemment reprise par M. Lepsius, qui est arrivé, au sujet de la question controversée de l'âge des terrains métamorphiques, à des conclusions tout à fait différentes de celles exposées jadis par Neumayr.

Neumayr (**), partant de certaines similitudes d'aspect et de direction entre le crétacé fossilifère (***) de l'Acro-

---

(*) PHILIPPSON, *loc. cit.*, p. 408.

(**) Denkschr. der K. Akademie in Wien., 1880, t. XL, p. 397.

(***) Les fossiles assez rares de ce crétacé se bornent, d'après Neumayr lui-même (*loc. cit.*, p. 397) à une faune d'Hippurites et de Rhynconelles trouvée par M. Gaudry à Salamine, une Nérinée à l'Acropole

pole ou du Parnès et les terrains du flanc sud-ouest du Pentélique (schistes argileux micacés clastico-cristallins avec marbres), commençait par en conclure leur identité d'âge (*) ; puis, remarquant la connexion apparente de certains bancs calcaires situés au sud-ouest avec d'autres situés au nord-est de l'anticlinal qui constitue le Pentélique, il classait également dans le crétacé ce versant nord-est, formé de roches cristallines (micaschistes et gneiss de Vrana, Stammata et Grammatikos) (**).

Un raisonnement semblable lui suffisait pour affirmer l'âge crétacé de tous les terrains métamorphiques de l'Attique et, comme nous le verrons, il n'hésitait pas à étendre de là son hypothèse à l'Eubée, à la Thessalie, à la Chalcidique et, d'une façon générale, à toute la mer Égée.

Richard Lepsius, au contraire, est arrivé, comme Philippson dans le Péloponèse, à la conclusion qu'il existait, en Attique, sous le crétacé, des terrains métamorphiques parfaitement distincts de lui, quel qu'en soit d'ailleurs l'âge réel et sur lesquels celui-ci repose en discordance.

Ces terrains, particulièrement représentés dans la région du Laurium, se composent de schistes et marbres, d'aspect extérieur moins métamorphique et moins complètement cristallin que ceux de Mételin, ou surtout de Thasos et de la Chalcidique.

Le crétacé lui-même comprend, de bas en haut :

1. Calcaire inférieur	environ	100 mètres
2. Schistes d'Athènes (souvent très métamorphiques, avec quartzites, etc.)		200
3. Calcaire supérieur (du Lycabette) .		250

---

d'Athènes, une Caprine au Lycabette (?), des coraux probablement secondaires à l'Hymette; Cordella a signalé, en outre, un crinoïde venant du Laurium.

(*) M. Gaudry, dans son bel ouvrage sur les animaux fossiles et la géologie de l'Attique, avait admis également un passage du crétacé de l'ouest aux terrains métamorphiques de l'est.

(**) NEUMAYR, *loc. cit.*, p. 398.

Puis vient directement et, selon Lepsius, sans intercalation d'éocène ni d'oligocène, un système, signalé par lui comme « tertiaire ancien », et qui est, le plus souvent, formé de grès verdâtres ou rougeâtres avec conglomérats, sans aucun fossile (*).

A ce système paraissent se rattacher des brèches de marbre, présentant à Phinikia des intercalations de marnes calcaires à planorbes et paludines et des calcaires lacustres organisés, comparables à des travertins, avec *Melanopsis Daphnes*, Gaud. et Fisch., *Planorbis cornu*, Brongn., *Unio atticus*, Gaud. et Fisch., *Hydrobia*, sp., etc., que M. Gaudry avait déjà signalés au monastère de Daphné.

M. Lepsius a également classé, un peu plus haut dans le même étage, qui parait être en grande partie pontien, les couches à fossiles saumâtres ou marins de Chasani, Trakones (**), Phaleron et même du Pirée (ouest et sud d'Athènes), dont l'étude ne semble cependant pas encore assez avancée pour ne pas laisser place à quelques incertitudes (***).

La faune des argiles rouges et conglomérats de Pikermi, au sud du Pentélique, rattachée également à la période pontienne, parait, sans preuve absolue, supérieure à celle du Pirée, et Lepsius, qui fait de ce niveau son tertiaire supérieur, le croit même en discordance au-dessus des

(*) Lepsius assimile, à ces conglomérats de son tertiaire ancien d'Attique, ceux sur lesquels sont bâtis les curieux monastères des Météores en Thessalie (*loc. cit.*, p. 45). Cette étude du tertiaire d'Attique demanderait une revision approfondie.

(**) La faune de Trakones a, comme nous l'avons vu, des analogies avec celle du Port Iéro à Mételin. Elle se retrouve plus à l'ouest, à Mégara et à l'isthme de Corinthe.

(***) Les couches du Pirée (marnes sableuses à *Ostrea* cf. *cochlear* Poli), considérées comme déjà pliocènes par M. Gaudry et Th. Fuchs, sont rapprochées par M. Lepsius des calcaires coralliens encore miocènes de Chasani et Trachones.

couches précédentes (*). Ces couches sont, en effet, le plus souvent horizontales, tandis que les autres sont fortement redressées.

Quant au pliocène marin tout à fait supérieur, on ne le retrouve que vers l'isthme de Corinthe, où prédominent des dépôts pléistocènes.

Eubée. — Sur l'Eubée, nous sommes bien renseignés par M. Teller (**).

Cette île comprend, tout d'abord, dans le sud, une série primaire, semblable à celle du Laurium, en Attique, avec micaschites et quartzites; alternances de schistes métamorphiques et calcaires; enfin, schistes à glaucophanes, analogues à ceux de Syra, mélangés de calcaires et de serpentines.

Le parallélisme de directions, qui existe entre ces terrains et le crétacé, a fait croire jadis à Sauvage qu'ils représentaient seulement un faciès métamorphique du crétacé, et l'on sait comment Neumayr a repris cette hypothèse en l'étendant à toute la mer Égée (***). Mais,

---

(*) La faune à *Hipparion*, de Pikermi, est celle du mont Luberon (Vaucluse). On sait qu'elle a donné lieu à un ouvrage magistral de M. Gaudry. Une faune analogue a été retrouvée à Samos, près de Mitylini, d'après Forsyth Major (1892) et dans la plaine de Troie.

(**) Denkschr. der K. Akad. in Wien, 1880, t. XL, p. 129 à 182, avec carte géologique. Antérieurement, l'Eubée avait donné lieu à divers travaux : 1835, KOBELL, *Sur l'hydromagnésite de Kumi* (Erdmanns journ. f. prakt. Chem., t. IV, p. 80). — 1846, SAUVAGE, *Sur la géologie de la Grèce continentale et de l'île d'Eubée* (Ann. des Mines, 4e série, t. X). — 1847, SPRATT, *On the geology of a part of Eubœa and Beotia* (Quart. journ. London, t. III). — 1855, LINDERMAYER, *Eubœa, eine naturhistorische Skizze* (Bull. de la Soc. des nat. de Moscou, t. XXVIII, p. 401 à 455). — 1857, SPRATT, *On the freshwater deposits of Eubœa* (Quart. journ. London, t. XIII, p. 177 à 184). — 1860, GAUDRY, *Plantes fossiles de l'île Eubée* (*C. R.*, t. L, p. 1093 à 1095). — 1861, BRONGNIART, *Plantes fossiles de Koumi* (*C. R.*, t. LII). — 1867, UNGER, *Die fossile Flora von Kumi* (Denkschr. der. K. Ak. in Wien, t. XXVII). — 1868, SAPORTA, *Sur la flore fossile de Coumi* (Bull. Soc. géol., 2e sér., t. XXV, p. 315). — 1876 et 1877, FUCHS (Sitzungsber d. Wiener Ak., t. LXXIII, p. 75, et Denkschr. d. Wiener Akad., 1877, t. XXXVII).

(***) *Loc. cit.*, p. 176. En 1857, Th. Fuchs avait admis, comme Sau-

quelles que puissent être les analogies entre les deux sortes de terrains, la question paraît aujourd'hui devoir être tranchée dans le sens où l'a fait Lepsius en Attique, c'est-à-dire contrairement à l'idée d'une assimilation aussi générale, et il est remarquable que, précisément, la ligne de démarcation entre les calcaires à hippurites du Parnès et les marbres primaires du Pentélique se prolonge directement en Eubée.

Le crétacé comprend trois termes principaux : à la base, un calcaire avec rudistes indéterminables (mont Olympe, environs de Mistro) ; un niveau important de schistes, grès et grauwackes, avec rares intercalations calcaires, sans aucun fossile, assimilé au macigno, dans la même région centrale de Mistro ; enfin des calcaires santoniens à Hippurites (*).

Le niveau intermédiaire, qui nous intéresse spécialement par ses analogies avec les terrains de Lemnos, présente des types de phyllites et des roches clastiques, formées visiblement aux dépens de roches cristallines, qu'on a pu considérer comme un indice de la présence au voisinage d'un rivage des mers crétacées, allant peut-être de l'Eubée vers la Chalcidique.

Au milieu de ces terrains crétacés, apparaissent de nombreux pointements de serpentine, postérieurs, en général, à l'étage intermédiaire schisto-gréseux, parfois

---

vage, que Macigno, schistes verts et serpentines ne constituaient, dans l'Eubée, qu'une seule et même formation. D'après Neumayr (*loc. cit.*, p. 396 à 399), on passe là progressivement des schistes argileux et grès normaux du Flysch et du Macigno à des roches d'aspect beaucoup plus ancien, comme les grauwackes et schistes du nord-est, puis aux gneiss askosiques de Varvara dans la même île, contenant, à côté de feldspaths brisés, du quartz, du mica, de la chlorite. Dans le centre de l'île, on voit, au-dessous du calcaire à hippurites, des schistes ressemblant à des phyllites très anciennes, quoique contenant encore des éléments très clastiques.

(*) M. Douvillé a figuré les Hippurites de Grèce (Caprena, Antinitza) comme se rapportant à *H. Maestrei*, *H. Gaudryi*, *H. Chaperi* (*Mém. pal. S. G. Fr.*, t. VII).

même au calcaire supérieur. En relation avec elles, il existe diverses roches à diallage et hornblende.

Enfin le tertiaire paraît représenté par des couches pontiennes et levantines, auprès desquelles se trouvent les gisements connus de lignite et de plantes fossiles de Koumi (*), que MM. de Saporta et Gaudry avaient rattachés d'abord au miocène, dont, plus tard, Unger n'a pas cru pouvoir préciser l'âge, et que M. Fuchs a rattachés au pontien.

Notre carte met en évidence un fait général intéressant, que nous allons retrouver dans la Thessalie orientale et la Chalcidique, c'est que la direction dominante des couches, aussi bien crétacées que primaires, est perpendiculaire à l'allongement de l'île et à ses côtes principales.

Thessalie. — Le sud-est de la Thessalie et le promontoire de Magnésie ont été également décrits par M. Teller, la partie plus septentrionale de l'Olympe Thessalien ayant été étudiée par M. Neumayr (**).

Cette région présente le même caractère techtonique que le sud de l'Eubée, c'est-à-dire qu'elle est formée de couches de terrains primaires, affectant de préférence une direction est-ouest, perpendiculaire à l'allongement des côtes.

Ce sont toujours les mêmes alternances de micaschistes, schistes amphiboliques, marbres, serpentines et accessoirement gneiss, que nous retrouvons, avec une remarquable uniformité, sur tout le pourtour de la mer Égée et que tous les observateurs sont d'accord pour comparer, comme aspect, au système cristallophyllien des Alpes, bien que quelques-uns aient voulu, à toute force, y voir du crétacé métamorphique. Tantôt les gneiss dominent, comme au

(*) M. Gorceix a signalé la flore de Koumi comme aquitanienne ; mais, d'après Th. Fuchs, tous les terrains de cette région sont pontiens ou levantins.

(**) Denkschr. der K. Akad. in Wien, 1880, t. XL, p. 183-208 et 315-320.

nord et au nord-ouest du Mavrovuni ou dans l'Ossa; tantôt les schistes micacés, comme dans le sud.

A l'ouest de l'Ossa, on observe, vers Marmariani, de belles intercalations de serpentines, au milieu d'un ensemble de calcaires et schistes micacés, particulièrement riches en schistes amphiboliques (*), c'est-à-dire dans des conditions identiques à celles que nous avons décrites à Mételin (**).

Ce massif primaire est séparé, par la dépression récente de Larissa, de la crête crétacée et néogène des Cynoscéphales, au-delà de laquelle on retrouve l'autre dépression, également à remplissage récent, de Pharsale.

Dans cette crête on trouve, près de Suletsch, en outre des calcaires ordinaires à *Hip. cornuvaccinum* et *Sph. radiosus*, Bayle, des dépôts un peu plus récents, analogues au flysch et très semblables également à ceux de Lemnos: alternances de schistes argilo-micacés gris ou verdâtres, avec des grès à grain fin (***).

Le massif de l'Olympe et la vallée de Tempé (sur le Pénée ou Salamvria) montrent des alternances analogues de marbres, schistes micacés, schistes serpentineux et serpentines : ces dernières renfermant quelques amas de fer chromé, tels que celui de Nezeros. La majeure partie est composée de schistes verts, analogues à ceux que nous retrouverons dans toute la Chalcidique, à Salonique et au mont Athos; mais le marbre, tantôt saccharoïde, tantôt semi-cristallin, forme également des masses considérables.

Dans les marbres, qui ont là une grande épaisseur, un mince niveau, situé au nord du cloître d'Hagios Diony-

(*) *Loc. cit.*, p. 201. Ces serpentines sont accompagnées de brèches serpentineuses à fragments calcaires, que les anciens ont exploitées en ce point et qui constituaient la pierre d'ornement connue sous le nom de vert antique.

(**) Voir plus haut, p. 28.

(***) *Loc. cit.*, p. 205.

sios, renferme de nombreux fossiles, absolument indéterminables (*).

La coupe de la vallée de Tempé semblerait montrer que les schistes verts de l'Olympe sont surmontés par les grandes masses de marbre, au-dessus desquelles arriveraient les schistes serpentineux et talcschistes.

Chalcidique. — Enfin, en Chalcidique, la même mission autrichienne, représentée là par MM. Burgerstein et Neumayr (**), a retrouvé de semblables formations de gneiss, schistes micacés, marbres, schistes amphiboliques, serpentines, etc., dont nous avons pu nous-même, en parcourant le mont Athos et les environs de Salonique ou de Kavala, observer quelques spécimens (***). Les couches présentent toujours le même caractère d'être, en majeure partie. N.E.-S.O., tandis que les côtes sont perpendiculaires et les alternances des divers terrains sont aussi constantes que dans les régions précédemment parcourues. Neumayr avait cru devoir distinguer les schistes cristallins et gneiss micacés de la péninsule de Longos, surmontés de phyllites analogues à ceux du mont Athos, comme présentant un caractère plus ancien ; mais, outre que, d'une façon générale, nous ne croyons guère à ces distinctions d'âge entre les terrains cristallophylliens, fondées sur leur aspect plus ou moins métamorphique, ou même sur telle ou telle coupe locale, la géologie de ces pays orientaux est encore trop peu avancée pour qu'on puisse faire aucune hypothèse sérieuse à ce sujet.

La partie ouest de la Chalcidique, composant la presqu'île de Kassandra et les deux isthmes rattachant l'Ha-

(*) Neumayr, *loc. cit.*, p. 318.

(**) Denkschr. der K. Akad. in Wien, 1880, t. XL, p. 321 à 340, avec carte géologique et coupe en long de l'Hagion Oros.

(***) Les schistes verts dominent à Salonique ; nous les avons retrouvés dans l'Hagion Oros, vers Vatopedion, criblés de grenat. Le mont Athos même (1.933 mètres) est en marbre. Sur la côte de Kavala et dans le Symbolon, ce sont les gneiss, souvent granulitiques, qui dominent.

gios Oros (*) ou Longos au continent sont, au contraire, formés de calcaires, grès et argiles néogènes.

Les fossiles sont très rares dans ce terrain ; pourtant près d'Athylos (Kassandra), on a, de haut en bas, la coupe suivante :

Calcaire avec *Congeria simplex ; Modiola volhynica*, Eichw; *Mactra ; Tapes*........................	5m,50
Calcaire oolithique à fossiles indéterminables....	6 à 7 mètres
Banc à *Cardium littorale*, Eichw ; *C. prætenue*, Mayer ; *C. Partschi*, Mayer ; *C. novo-rossicum*, Barbot; *Buccinum duplicatum*, Sow............	1 mètre
Calcaire oolithique à congéries...............	5 à 6 mètres

On a donc là un mélange singulier de la faune à congéries et de la faune sarmatienne.

Sud-est de la Turquie. — La région sud-est de la Turquie d'Europe (Macédoine et Thrace) comprend (**) : 1° des terrains primaires, qui, de Kavala, s'enfoncent, au nord, vers le Despoto Dagh et les Balkans, pour se recourber, dans les massifs de Tundscha et de Strandscha, presque jusqu'à Constantinople ; 2° des terrains tertiaires, très développés dans les plaines de Thrace et de Philippopoli, ainsi que dans la vallée du Struma ; 3° des roches éruptives tertiaires.

Pour trouver des terrains intermédiaires entre la série cristalline métamorphique et le tertiaire, il faut gagner les Balkans qui présentent, d'après M. Toula : des schistes carbonifères et grès à walchias au N.E. de Sofia ; puis, dans la même région et plus à l'ouest, des grès rouges ou blancs (permien ou trias), des marnes sableuses et des calcaires triasiques à gyroporelles (***); enfin des lambeaux

---

(*) C'est cette isthme que Xérès avait fait couper par un canal.

(**) Hochstetter, J. d. K. K. geol. Reichs., 1870, t. XX, p. 365 à 461, avec carte géologique ; et *ibid.*, 1872, t. XXII, p. 331 à 338.

(***) Ces terrains sont désignés par *t* sur la Pl. I.

de malm (tithonique), de lias et de dogger (Etropol, Tetewen, nord de Kisanlik), au-dessus desquels reparaît, au nord de la chaîne, le crétacé (calcaires à nérinées, couches à crioceras et à bryozoaires, calcaire à caprotines, grès à orbitolines, grès du flysch et calcaire à inocérames).

Nous laisserons de côté cette région des Balkans, qui se rattache directement aux plissements alpins et sort de notre champ d'études.

Commençons par les terrains cristallophylliens et primaires.

Au sud des Balkans, les terrains primitifs ou primaires(*) ont l'aspect que nous venons de leur trouver dans toutes les régions égéennes : alternances de gneiss, schistes micacés et amphiboliques, calcaires cristallins, serpentines, etc. Sur la carte de Hochstetter, qui ne porte pas de directions de couches, les lentilles de calcaire cristallin marquent néanmoins l'allure générale de la schistosité et mettent en évidence, une fois de plus, le conflit des deux directions N. 60° E. et N. 60° O., qui dominent également dans l'Eubée, en Thessalie et en Chalcidique.

Dans le sud-ouest de la Turquie, la première joue un rôle essentiel : Bos Dagh, Karlik Dagh, Kuru Dagh, Tékir Dagh ; au nord-est, c'est, au contraire, la direction perpendiculaire : région est du Rhodope, de Philippopoli à Demotika ; massifs de Tundscha et de Strandscha. Au nord, dans les Balkans, la direction tend peu à peu à être est-ouest ; au sud-est, nous avons vu précédemment qu'en Troade, à Mételin, à Chios, à Naxos, elle devenait nord-sud : de telle sorte que les couches primaires dessinent, en résumé, une sorte d'éventail, dont le centre serait un peu au sud de Constantinople et dont le maximum d'ouverture se trouverait sur la mer Égée.

Quand on fait une coupe nord-sud de la Turquie vers

(*) Hochstetter, *loc. cit.*, p. 421.

Kisanlik, la première zone primaire que l'on rencontre en partant du nord est celle des Balkans(*), entre Sliwno et Sofia.

L'axe primaire de cette chaîne comprend du granite, du gneiss œillé et des micaschistes, alternant avec des schistes chloriteux, des amphibolites, etc.

Au nord de Kisanlik, il existe du calcaire triasique, quelques rares lambeaux jurassiques, une zone de grès crétacés avec hiéroglyphes et restes de plantes (grès des Balkans), enfin du crétacé bien déterminé (couches à caprotines, à orbitolines, etc.).

On avait autrefois cru retrouver là, notamment à Selci (N.E. de Kisanlik), le prolongement du carbonifère de l'Ouest, sous forme de schistes bitumineux à anthracite, avec grès micacés. En réalité, ces anthracites sont, d'après M. Toula, crétacées (**).

Au sud, enfin, après la Tundscha, on voit, en s'élevant, le granite, les gneiss et phyllites, puis les calcaires triasiques et les grès, tufs et marnes, peut-être néocomiens, du Karadscha Dagh, ou Sredna Gora(***).

Dans le Rhodope, ou Despoto Dagh(****), on retrouve du granite, de la syénite(*****), du gneiss et des micaschistes, avec amphibolites et nombreux bancs de calcaire cristallin et de serpentine intercalés. La direction des couches, très variable, est, en moyenne, N.O.-S.E.

A l'ouest notamment, dans le massif de Périm, on a beaucoup d'amphibolite à gros grains, de diorite, etc.

Dans le sud, en se rapprochant de la région que nous

(*) Toula (*Ac. de Vienne*, 1889, p. 23, etc.).
(**) Toula, *loc. cit.*, Sur les anthracites des Balkans, p. 30 à 34.
(***) Toula, *loc. cit.*, p. 17.
(****) Hochstetter, *loc. cit.*, p. 442.
(*****) Viquesnel (Mém. Soc. géol., 2e sér., t. I, p. 10 du tirage à part) signale seulement deux dômes principaux de granite, près de Köstendil et près de Doubnitza. La carte de Hoschstetter en figure un grand nombre d'autres, que nous avons reproduits sur notre carte.

avons étudiée à Thasos, on trouve une abondance particulière de massifs calcaires, tels que le Bos Dagh au nord de Drama (*).

Près de Kavala et dans le Symbolon, entre Kavala et Drama, nous avons pu observer des gneiss micacés et amphiboliques avec injections granulitiques, qui contiennent quelques lambeaux calcaires. Ces gneiss, suivant la carte de Hochstetter, formeraient, du golfe de Rendina à Demotika, une bande est-ouest continue, au nord des micaschistes de Thasos, du Kelebek Dagh, du Kuru Dagh, du Tekir Dagh et de l'île de Marmara ; mais les micaschistes de Thasos contiennent eux-mêmes, nous l'avons vu, des intercalations de gneiss, comme il en existe très souvent dans les micaschistes et même dans les phyllades précambriens du Plateau Central français, en sorte que nous sommes peu disposé à voir là deux étages distincts et que, pour nous, il y a là plutôt un grand ensemble continu, reliant Thasos et Samothraki à la masse continentale de la Thrace, de la Chalcidique et de la Thessalie.

A l'est, les massifs de Strandscha et de Tundscha sont formés de gneiss micacés et amphiboliques et calcaires cristallins, avec granites, syénites, etc. (**).

Les terrains tertiaires de la même région commencent à l'éocène, qui repose souvent directement sur le primitif; ils se continuent par du miocène marin (tortonien, étage du Leithakalk), par du sarmatien, du pontien, du levantin, des bassins lacustres à lignite, et enfin du postmiocène fluviatile (thracien), difficile à distinguer du diluvium.

Le bassin tertiaire le plus important est celui d'Erkene, dont la bordure est formée par de l'éocène, sur lequel repose le thracien, parfois avec interposition de couches pontiennes.

(*) HOCHSTETTER, *loc. cit.*, p. 447.
(**) *Loc. cit.*, p. 389.

L'éocène de Demotika, Feredschik, etc., parait constitué (*) :

1° A la base, par des grès et conglomérats analogues au macigno, surmontés par des dépôts argileux ou sableux, lacustres ou saumâtres, avec paludines, *Unio*, *Viquesnelia*, etc., et lignites assimilés à ceux de Cosina en Istrie, ou Gran, en Hongrie ;

2° Au sommet, des dépôts franchement marins, surtout calcaires.

Les lignites de cet étage, signalés au nord de Makri, à l'ouest de Demotika, à l'ouest d'Andrinople et près de Chaskoï sont accompagnés de grès.

Ce terrain éocène apparait, à Chaskoï, Demotika, Feredschik, etc., en relation intime avec des tufs trachytiques, qui semblent du même âge (**).

Le tortonien ne se montre qu'au nord de la région étudiée par nous, près de Plewna, sous forme d'un calcaire corallien, recouvert par le sarmatien (***).

Le sarmatien est particulièrement développé sur la côte nord de la mer de Marmara, entre Rodosto et Constantinople et aux environs de Warna (****). Il n'est représenté, sur le littoral de Rodosto, que par son niveau supérieur franchement marin à *Mactra podolica* et *Ervilia podolica*, tandis que le niveau inférieur à *Tapes gregaria* et à cerithes manque, aussi bien que le tortonien.

Le sarmatien est recouvert directement par du levantin, contenant, d'après d'Archiac : *Melanopsis incerta*, Feruss ;

(*) *Loc. cit.*, p. 449. — Cf., sur le nummulitique du Bosphore, VIQUESNEL (B. S. G., 1850, p. 514) ; il arrive à cette conclusion qu'à l'époque nummulitique la communication entre la mer Noire et la mer de Thrace se faisait à l'ouest du Bosphore actuel, dont l'ouverture serait postérieure à l'époque quaternaire.

(**) *Loc. cit.*, p. 449.

(***) *Loc. cit.*, p. 401.

(****) *Loc. cit.*, p. 375.

Mel. costata, Feruss ; *Neritina Danubialis*, Desh. (souvent encore colorée) ; *Melania curvicosta*, Desh. ; *Cardium gracile*, Pusch ; *Unio Delesserti*, Bourg ; *Congeria* indef. ; *Cypris*.

Dans la plaine d'Erkene, ces terrains sont remplacés par des couches à congéries, considérées comme pontiennes (*).

Puis on trouve, dans le Rhodope, au sud de la ligne Sofia-Philippopoli, une série de petits bassins lacustres à lignites rattachés au miocène supérieur, notamment près de Samakov, à Dostbey, au sud de Philippopoli, à l'est de Melnik, etc. (**).

Enfin toute la plaine d'Erkene, la vallée de Dschuma, Melnik et Seres, celle de Kafadar (à l'ouest), etc., sont remplies par des dépôts de grès, sables et marnes, difficiles à distinguer exactement du pléistocène, qui forment ce qu'on a appelé l'étage thracien.

C'est probablement à ces couches que se rattachent les lignites de Karaburun, sur la mer Noire.

Quant aux roches éruptives tertiaires, dont notre carte indique les massifs principaux, elles semblent former, parallèlement aux derniers plissements de la contrée, deux grandes courbes principales, dont les caractères sont différents : l'une, au nord, de Sofia à Jamboli, Burgas et Constantinople ; l'autre, au sud, le long du Rhodope, allant peut-être se recourber à Samothraki et Lemnos.

Les roches comprises entre Burgas et Jamboli (***) présentent des trachytes, des andésites augitiques, des dolérites, des basaltes (****), etc., avec d'énormes masses de tufs et conglomérats associés, dont certaines couches alternent avec des dépôts du crétacé inférieur et con-

(*) *Loc. cit.*, p. 376.
(**) *Loc. cit.*, p. 459.
(***) *Loc. cit.*, p. 394.
(****) Les basaltes sont très rares en Turquie, d'après Viquesnel.

tiennent même des *Inoceramus;* il semble, d'après Hochstetter, qu'on ait eu là, d'abord, des éruptions sous-marines crétacées et, à la fin, des appareils volcaniques tout à fait récents, dont les formes sont encore conservées.

A l'ouest, près de Sofia, les phénomènes sont identiques et on a pu en conclure que ces deux champs éruptifs étaient en rapport avec une ligne de dislocation, signalée par Hochstetter au sud des Balkans (*).

Enfin, à l'embouchure du Bosphore, sur la mer Noire, les roches sont encore analogues.

Dans le Rhodope (**), on a de nombreux pointements de trachyte, andésite, rhyolithe, etc., dont le prolongement au nord-ouest est connu jusqu'en Bosnie et dont la suite, vers le sud-est, paraît correspondre à nos roches de Lemnos. Ce sont des roches plus acides que les précédentes, avec obsidiennes, perlites, tufs blancs à plantes silicifiées, que Viquesnel et von Hochstetter considèrent comme surtout éocènes.

On observe, en effet, par exemple dans le massif de l'Arda, près de Nebilkiöi, des alternances de calcaires nummulitiques et de grès éocènes avec des tufs et conglomérats trachytiques renfermant eux-mêmes : *Pecten Augusti*, d'Arch. ; *Pecten Cordieri*, d'Arch., etc. ; et les calcaires contiennent, par endroits, des galets trachytiques (***).

On a remarqué que, tandis que les tufs étaient ordinairement très abondants au voisinage des trachytes, ils

---

(*) Voir plus haut, p. 116. Cette ligne suivrait la Tundscha.

(**) VIQUESNEL, II, 327 à 329 (sur les trachytes de Feredjik ; 354 à 362 (trachytes de l'Arda, avec coupe du ravin de Nébilkiöi et des environs de Philippopoli), etc. ; von HOCHSTETTER, p. 452 à 455.

(***) Cf. VIQUESNEL, 1850, *Sur l'emplacement du Bosphore à l'époque nummulitique* (B. S. G., 2e sér., t. VII, p. 589). Il signale la fréquence en Turquie de ces alternances de couches à nummulites, avec des détritus d'origine volcanique. Les roches éruptives du Bosphore sont, suivant lui, des porphyres pyroxéniques, dont l'éruption a dû commencer à la fin du crétacé.

faisaient défaut dans le massif du Persenk (*), qui atteint 2.162 mètres et on en a conclu que cette lacune était en relation avec l'altitude, probablement plus forte, de ce massif au moment de l'éruption.

Le massif le plus méridional, celui de Feredschik, est, paraît-il, formé de rhyolithes et tufs rhyolithiques.

V. — CONCLUSIONS GÉNÉRALES SUR LA GÉOLOGIE DE LA MER ÉGÉE.

La description sommaire que nous venons de donner des divers pays situés autour de la mer Égée va nous permettre de préciser, pour les trois îles de Mételin, Lemnos et Thasos, qui ont fait l'objet spécial de nos études, quelques points intéressants.

1° **Terrains cristallophylliens et primaires.** — Les terrains primaires, nettement caractérisés par leurs fossiles, sont très rares dans les régions en question ; nous n'avons guère à citer que le dévonien inférieur des environs de Constantinople, le calcaire à fusulines de Chios, le terrain carbonifère d'Eregli sur la mer Noire, enfin les schistes carbonifères de Cerova et les grès à walchias de Belogradčik dans le Balkan occidental (**).

On peut y joindre hypothétiquement certains thonschiefer d'Asie Mineure, ou de la presqu'île de Cysicus dans la mer de Marmara.

Mais la très grande majorité des terrains représentés sur notre carte comme primaires est formée par cet ensemble de gneiss, micaschistes, chloritoschistes, schistes amphiboliques, marbres et serpentines, dont nous avons déjà signalé plus d'une fois la remarquable homogénéité

(*) Von Hoschtetter, p. 453.
(**) Toula (*Ac. de Vienne*, 1882, p. 50).

dans toute cette zone Egéenne et qu'on retrouve presque identique en Attique, en Chalcidique, à Thasos ou à Mételin.

L'aspect de ces terrains les rapproche, suivant les cas, de ceux que nous appelons en France cristallophylliens ou précambriens (ζ^1, ζ^2 et x de la carte géologique), avec cette différence toutefois que les marbres y jouent un rôle très important, auquel nous ne sommes pas habitués dans le Plateau Central ou dans les Alpes, tandis que les granites y sont, par contre, singulièrement restreints. Mais, en France même, nous arrivons de plus en plus à cette opinion que les faciès de gneiss et de micaschistes, auxquels on attribuait autrefois une idée d'âge absolue et que beaucoup de géologues considèrent même encore comme représentant une certaine écorce primitive du globe, ne sont, en réalité, que des formes plus ou moins métamorphiques de terrains sédimentaires, pouvant, suivant les cas et suivant les pays, avoir les âges les plus divers. Dans la mer Égée, cette question se trouve présenter une acuité toute spéciale par le rapprochement de gisements, de directions, de faciès et d'allure, qui existe souvent entre ces terrains d'aspect primaire et le crétacé métamorphique. Cette analogie, d'où résulte, en bien des cas, la difficulté de séparer le crétacé du primaire dans la zone de contact des deux terrains, tant qu'on n'y trouve pas de fossiles, a frappé, de bonne heure, tous les observateurs, aussi bien Sauvage en Eubée, ou Tchihatcheff en Asie Mineure, que Neumayr en Thessalie ou en Attique (*), et elle a même entrainé ce dernier à voir, dans tous les gneiss et micaschistes de la mer Égée, uniquement du crétacé: conclusion absolue, aussi inexacte, à notre avis, que l'an-

(*) Neumayr (Denkschr. der K. Ak. in Wien., 1880, t. XL, p. 395) a remarqué que, depuis l'Olympe de Thessalie jusqu'à la Crète, sur une étendue de 5° de latitude, on éprouve partout la même difficulté à établir une démarcation entre le calcaire à hippurites et le macigno d'une part, les terrains métamorphiques de l'autre.

cienne idée d'en faire uniformément une croûte primitive du globe, antérieure à tous les dépôts sédimentaires.

La question est assez intéressante pour valoir la peine que nous nous y arrêtions un peu (*).

Les arguments en faveur de la théorie de Neumayr, que nous avons résumés, chemin faisant, à l'occasion de l'Attique ou de l'Eubée, sont de plusieurs sortes :

1° Existence de toute une série de types intermédiaires, conduisant peu à peu, par transitions insensibles, du crétacé fossilifère le plus authentique à des pseudogneiss et micaschistes ;

2° Analogies stratigraphiques fréquentes entre l'allure et la direction des couches crétacées et celle des couches à aspect primaire, dans les régions, comme l'Attique ou l'Eubée, où les deux groupes sont en contact ;

3° Coupe ordinaire du crétacé de Grèce (un calcaire inférieur très développé à la base ; un épais Macigno, formé de schistes et grès ; un calcaire à hippurites, constituant le relief saillant de la contrée), reproduite, affirme-t-il, dans le terrain métamorphique (**).

Tout au contraire, comme nous l'avons vu, si l'on reporte sur une carte, sans idée préconçue (Pl. I), d'une part le crétacé fossilifère, d'autre part les terrains d'aspect primaire, il nous semble que la distinction de principe entre les deux terrains s'établit d'elle-même, par la façon dont le crétacé proprement dit se localise nettement en deux zones, l'une au nord, allant de Bulgarie en Bithynie, l'autre au sud, rejoignant la Locride et l'Eubée à l'île de Chios. Entre elles on ne trouve que des terrains d'aspect primaire ou primitif sans aucun fossile, et il serait déjà fort extraordinaire, s'ils représentaient du crétacé

(*) Elle n'est pas sans présenter quelque analogie avec celle des schistes lustrés alpins, qui a fait soutenir successivement tant d'opinions contradictoires.

(**) *Loc. cit.*, p. 400.

métamorphique, que le métamorphisme se fût aussi exactement localisé et n'eût pas laissé un seul lambeau intact dans la zone intermédiaire.

A cette remarque générale, on peut ajouter que, malgré ces « types de transition », au moyen desquels on pourrait, dans la nature, rattacher n'importe quelle roche à n'importe quelle autre, la coupure entre le crétacé et le primaire paraît assez nette en Attique, en Eubée, à Chios, etc., pour que les derniers observateurs, Teller, Lepsius, etc., soient arrivés, indépendamment les uns des autres, à l'établir résolument et presque au même point, de telle sorte que, de l'Attique à l'Eubée, par exemple, la limite des deux formations se prolonge en ligne droite à travers un bras de mer.

Sans nier le moins du monde qu'il puisse exister du crétacé métamorphique réellement semblable à des micaschistes ou même à des gneiss, on peut, d'ailleurs, se demander pourquoi au crétacé seul serait attribué ce privilège dans la mer Égée et pourquoi le métamorphisme ne se serait pas produit sur des couches d'âge divers : ce qui paraît extrêmement vraisemblable, quand on constate, dans le même pays, la présence de terrains paléozoïques bien déterminés et quand on voit, à Chios, certaines de ces couches métamorphiques sans fossiles en rapport avec le calcaire à fusulines, ou en Thrace, d'autres bandes semblables prolonger le dévonien du Bosphore.

Quant aux analogies que peuvent présenter les directions des couches primaires et crétacées dans les régions où elles sont en contact, outre qu'elles sont beaucoup moins générales qu'on ne l'a dit(*), elles peuvent s'expliquer, dans bien des cas, par les mouvements ter-

(*) Voir, à ce propos, une carte dressée par M. Philippson (Verh. d. Gesellsch. f. Erdkunde zu Berlin, 1877, n° 4 et 5), où il a reporté, pour l'ensemble de la mer Égée, les directions des gneiss, schistes cristallins, et celles des sédiments crétacés ou tertiaires.

tiaires (donc postérieurs aussi bien au crétacé qu'au primaire), qui ont imprimé, en grande partie, aux terrains de ces contrées leur allure actuelle.

En résumé, nous croyons donc qu'il existe réellement, dans cette région, indépendamment du crétacé, une grande série primaire non débrouillée, occupant à peu près la place que nous lui avons assignée sur notre carte et dont la composition et l'allure seraient les suivantes :

1° On peut, suivant les idées habituellement admises et qui correspondent, tout au moins, à une apparence ordinaire, faire débuter cette série par des masses de gneiss à faciès primitif, mais avec marbres associés, qui ont une grande extension dans le Nord de notre carte, en Macédoine, de Salonique à Nisch, dans le Despoto Dagh et sur la côte de Kavala, dans la chaine Rumélique, les massifs de Tundscha et de Strandscha, c'est-à-dire, en somme, dans la région où les massifs granitiques sont le plus abondants et notamment sur la périphérie de ces massifs : ce que nous attribuerions volontiers, en partie, à un rapport d'origine entre ces granites et ces gneiss.

On retrouve des gneiss semblables dans l'Ossa de Thessalie, dans la presqu'ile de Longos, en Chalcidique, en certains points de Thasos et surtout dans l'axe de la zone primaire de Phrygie, vers Aidin, Alaschehr, Gueurdiz, dans l'ouest de l'Ak Dagh, etc., enfin dans certaines Cyclades (Syra, Syphnos, etc.), et sur le flanc nord-est du Pentélique.

Ils sont, au contraire, très rares, dans une zone intermédiaire, qui comprend le promontoire de Magnésie, l'Eubée, Chios, Mételin, la Mysie, la mer de Marmara, etc., et où les granites font également à peu près défaut ;

2° En second lieu, on a des micaschistes, chloritoschistes et schistes amphiboliques à structure cristalline et toujours accompagnés de marbres, tels que les schistes verts à grenat et staurotide du mont Olympe, de Salonique ou du mont Athos et les micaschistes à disthène et staurotide, mélangés de gneiss, de Thasos.

On peut également rapprocher de ces terrains les schistes à glaucophane de Syra, Syphnos, Polycandros et du sud de l'Eubée.

Ces schistes, entièrement recristallisés, nous amènent progressivement à des types, où persistent des traces, de plus en plus visibles, de la clasticité primitive, tels que ceux de la zone intermédiaire signalés plus haut et notamment de Mételin, les schistes micacés argileux et calcaires du Laurium, les schistes micacés et quartzites de l'Eubée, les schistes argileux et grès, peut-être carbonifères, de Chios, les thonschiefer, schistes amphiboliques et calcaires de Mysie, de Troade ou de la presqu'île de Cysicus.

Ces derniers terrains de Chios, Mételin, Mysie et Cysicus forment peut-être même déjà une zone plus récente, pouvant aller se rattacher aux terrains du Samanly Dagh et du Bosphore.

3° Enfin les terrains paléozoïques constituent, dans les Balkans, une bande allongée, que l'inflexion générale des couches en Thrace paraît relier au dévonien du Bosphore et, probablement, à partir de là, à la série des lambeaux carbonifères qui logent la mer Noire d'Éregli à Sinob.

Si l'on joint à ce synclinal paléozoïque celui que nous supposions tout à l'heure de Chios, Mételin et de Mysie; si l'on considère, au contraire, comme deux anticlinaux, les deux grandes zones gneissiques signalées plus haut, l'une en Macédoine et dans le Despoto Dagh, l'autre à Alaschehr, Aïdin, etc., on aura peut-être un premier aperçu techtonique des chaînes anciennes de cette région, et l'on verra comment Constantinople paraît être grossièrement le nœud de plis sinueux et divergents, dont les plus écartés suivraient, d'une part, les Balkans avec une direction E.-O. ou même N.O.-S.E. et, de l'autre, la zone de

Phrygie et Carie avec une direction N.E.-S.O., qui, vers l'est de l'Asie Mineure, se recourbe bientôt dans le sens du Kusch Dagh et de Samsoun, pour redevenir également est-ouest.

Ne faudrait-il pas alors considérer, comme un reste de ces plissements anciens, la si remarquable dépression marine, qui, partant du promontoire de Magnésie, longe au sud le mont Athos (avec une brusque dénivellation de plus de 3.000 mètres sur une distance de 15 kilomètres) passe au golfe de Saros et traverse la mer de Marmara de Rodosto vers Ismid (*).

C'est là, d'ailleurs, une hypothèse que nous nous garderions de généraliser ; car les dépressions marines, tout aussi bien que les crêtes montagneuses, sont loin de marquer toujours la place des plissements géologiques du sol et, de plus, comme nous le verrons plus loin, dans la mer Égée, les synclinaux et anticlinaux, esquissés par le relief topographique, semblent correspondre, en tous cas, presque partout, à des mouvements beaucoup plus récents que ceux qui ont modelé la chaîne primaire ; ils affectent, en effet, des directions, qui, si elles avaient un rapport avec celles des terrains primaires, leur seraient plutôt à peu près orthogonales.

Si l'on se borne, pour simplifier, à la mer Égée, en laissant de côté les masses continentales, sur lesquelles nous sommes beaucoup moins renseignés, la simple inspection des directions primaires reportées sur notre carte montre bien, en dépit du trouble introduit pour l'esprit par les

(*) Nous avons figuré avec soin sur notre carte les dépressions marines au-dessous de 500 mètres, qui nous paraissent un élément important pour apprécier la techtonique d'un pays. Les courbes de niveau de 500, 1.000 et 2.000 mètres ont été tracées d'après une publication récente, qui a rectifié, sur de nombreux points, les cartes de l'amirauté anglaise: *Berichte der Commission für Erforschung des östlichen Mittelmeeres* (Kais. Ak. der Wissensch. in Wien., t. LXI ; 3e partie). Nous aurons à revenir plus loin sur leur étude.

formes géographiques actuelles, la prédominance à peu près exclusive de directions N.O.-S.E., pouvant aller du nord-sud dans l'est, à Chios ou à Naxos, à l'est-ouest dans l'ouest, en Thessalie, dans le nord de la Chalcidique ou à Thasos, en passant par tous les intermédiaires. Les trois dernières régions que nous venons de citer semblent préluder à un système différent, qui prédomine quand on se rapproche des Balkans et où, en effet, la direction est-ouest devient prépondérante. Dans l'état actuel de nos connaissances sur ces régions, nous croyons qu'il serait prématuré de chercher à préciser davantage.

2° **Terrains crétacés et tertiaires.** — Dans l'Archipel la coupe stratigraphique des terrains secondaires paraît commencer par quelques lambeaux restreints de ces dépôts pélagiques formant la transition du jurassique au crétacé, qui constituent, dans les Alpes, le tithonique (*). Puis vient un crétacé, principalement calcaire, qui passe lui-même, par transitions insensibles, au tertiaire. Tel est le cas, notamment, des calcaires de Tripolitza et de Pylos dans le Péloponèse.

Le faciès spécial du flysch, qui, plus à l'ouest de l'Europe, est caractéristique de l'éocène et qui, en Péloponèse, en Crète, à Rhodes, paraît également représenté par des couches éocènes, descend jusqu'au supracrétacé en Bosnie, en Thessalie, dans l'Eubée, etc.

Si nous parcourons la région du nord au sud, nous trouvons, d'abord, au nord, de la Bulgarie à la Bithynie, une première grande zone crétacée, où la coupe est, d'après Hochstetter, assez complète : calcaires et marnes

(*) Ces terrains ne se trouvent guère qu'en Argolide, de Mycènes à Epidaure. Nous avons également signalé un lambeau de trias marin et du jurassique supérieur à Mycènes. Dans les Balkans, le jurassique est représenté par du malm et du lias, surtout entre Tetewen et Kisanlik.

néocomiens; calcaire à caprotines et rudistes; grès calcaires et marnes du gault; calcaires, grès et marnes de la craie supérieure.

Le crétacé disparaît ensuite sur près de 4° de latitude et reparaît en Grèce, dans l'Eubée, à Chios, dans la presqu'île de Karabournou, etc., où il est généralement très peu fossilifère et comprend : un calcaire inférieur, des grès et schistes du flysch, enfin un calcaire à hippurites supérieur, qui forme les principales crêtes montagneuses.

Nous avons proposé, comme une hypothèse assez vraisemblable, l'assimilation, avec le flysch de l'Eubée et celui des Cynocéphales en Thessalie, des terrains de grès et schistes, qui forment toute l'ossature de Lemnos et peut-être de ceux qui existent, dans l'est de la Bithynie, en se rapprochant d'Eregli.

Plus au sud, en Péloponèse, on trouve, au-dessus du tithonique, des masses calcaires crétacées, passant, à leur partie supérieure, à l'éocène, puis du flysch et des calcaires lithographiques, surmontés par le néogène. En Crète, d'après Raulin, à Rhodes, d'après Bukowski, la coupe paraît à peu près la même.

Entre ces deux grandes zones crétacées, de la Bulgarie d'une part, de l'Eubée et de Chios de l'autre, les dépôts éocènes, en grande partie marins et dont la localisation paraît en rapport avec les déplacements de la mer marqués par le flysch, occupent des régions importantes et, dans l'est, en Asie Mineure, ils prennent une notable extension.

Tandis que la plus grande partie de l'Archipel paraît avoir été émergée à cette époque, on trouve des couches nummulitiques dans toute la zone située à l'est d'une ligne N.O.-S.E. joignant Port-Lagos à Samothraki et à Rhodes, à peu près parallèlement à la grande direction des côtes entre la Troade et la Carie. Il en existe en Thrace, à Samothraki, dans le golfe d'Adramiti, à Rhodes, en Mysie, en Lydie, en Pisidie, en Lycie, etc. (*).

Plus tard, l'oligocène fait à peu près complètement défaut, à moins qu'il ne soit représenté par des couches dont l'âge n'a pu encore être déterminé, et il en est de même pour les niveaux inférieurs du miocène. Nous ne connaissons de représentants supposés de la première faune miocène du Schlier (burdigalien et helvétien) qu'en Carie; le miocène marin de Hochstetter, qui paraît correspondre au tortonien, n'apparaît qu'au nord des Balkans; c'est-à-dire, suivant une conclusion connue, que, pendant les deux premières phases méditerranéennes de M. Suess, le nord de la mer Égée à dû faire partie d'un continent reliant l'Europe à l'Asie.

L'époque sarmatique marque, au contraire, un retour momentané de la mer, qui, revenant du nord, envahit, à l'ouest, la presqu'île de Kassandra en Chalcidique, à l'est la presqu'île de Gallipoli, la côte ouest de Troade et Ténédos ; au sud également, on trouve des dépôts, peut-être sarmatiens dans l'est de Chios; mais ce sont des dépôts lacustres: ce qui confirme bien l'idée que la mer, à cette époque, n'a pas dépassé au sud la hauteur du cap Baba.

Puis, à l'époque pontique, cette mer recule de nouveau, bien que les couches de cette époque présentent encore, à Mételin, des formes saumâtres, dont on retrouve l'équivalent dans l'est de l'Eubée et aux environs de Mégara, en Attique.

L'alignement est-ouest de ces trois gisements représente la limite la plus méridionale que paraissent avoir atteint les dépôts reconnus jusqu'ici de cet âge, soit

(*) Au sud, on sait que le même terrain est très développé en Égypte (Mokattam) et dans le désert Lybien, où il succède sans discordance au crétacé. Vers l'est, on le retrouve en Crimée et dans une partie de la Russie méridionale.

qu'ils aient fait partie d'un seul et même grand lac, soit que des lacs séparés aient été alignés là suivant une dépression est-ouest.

Pendant le début du pliocène, nous n'avons plus, dans toute cette région, que ces dépôts lacustres, d'âge généralement encore mal déterminé, que l'on a classés provisoirement sous le nom d'ensemble de levantin(*), mais dont quelques-uns pourraient bien, à la suite d'une étude plus approfondie, être encore rattachés au pontien.

Telles sont les couches des environs de Smyrne et de la presqu'île de Karabournou, d'une partie de Kos, du nord de l'Eubée, du littoral thrace d'Enos à Gallipoli et, de là, vers Rodosto, etc.

A cet étage également paraissent se rattacher les grandes formations de lacs ou d'estuaires levantins du Péloponèse, qu'ont terminées là, à Rhodes, en Eubée, en Locride, etc., d'énormes dépôts torrentiels de conglomérats.

Puis, avec la période sicilienne (2e faune pliocène de Neumayr, 4e phase méditerranéenne de Suess), se produit un changement complet dans la disposition des mers : la partie Sud du continent égéen s'enfonce, et la Méditerranée gagne Rhodes, Kos, Milo, le Péloponèse, l'isthme de Corinthe, sans dépasser, au nord, la grande ligne de fracture, dessinée plus tard par les volcans de Nisiros, Santorin, Milo, Ægina, etc., et les solfatares de l'isthme de Corinthe et qui, sans doute, avait commencé à s'esquisser dès ce moment.

Enfin, peu à peu, le mouvement de dépression du sol se propage du sud vers le nord ; des affaissements nouveaux se produisent au-delà de cette première ligne de fractures ; les côtes de Mételin sont découpées par des

(*) C'est le tertiaire supérieur, ou aralocaspien, de Tchihatcheff, qui paraît comprendre une partie du pontien, du plaisancien et de l'astien.

failles, dont nous avons vu plusieurs indices nets en étudiant cette côte (faille à l'est de Mételin au cap Maléa, faille entre les serpentines et les andésites de Pyrra, faille sur le rivage sud, vers Drota, etc.), et, dès lors, la mer Égée vient occuper à peu près son emplacement actuel, bien que des déplacements de plages très récents soient encore manifestes à Lemnos, à Samothraki, au Bosphore, à Kos, à Rhodes, etc. (*).

Nous verrons, d'ailleurs, plus loin, que ces mouvements du sol ont été en rapport avec des venues de roches éruptives, dont l'âge précis ne nous est pas suffisamment connu pour établir un synchronisme exact entre leur apparition et les dislocations du sol, mais dont la relation avec ces phénomènes n'en est pas moins incontestable. C'est une question sur laquelle nous allons revenir bientôt. Dans l'ensemble, nous pouvons seulement indiquer que les dislocations éruptives paraissent s'être propagées du nord au sud, depuis le crétacé jusqu'au pléistocène, en partant de la Bulgarie pour arriver à Santorin.

3° **Péridotites et serpentines.** — Nous avons vu, en étudiant Mételin, l'intérêt que présente, pour cette île, la question de l'âge des péridotites et serpentines et nous sommes arrivé, sur ce point particulier, à la conclusion que ces roches se rattachaient au système primaire.

Les indications que nous avons eu soin de donner, chemin faisant, sur les massifs serpentineux signalés dans les régions voisines nous permettent d'examiner maintenant dans quelle mesure cette hypothèse est confirmée ou infirmée par les observations des autres géologues.

D'après ces observations, il existe, dans toute la région de l'Archipel, des serpentines de deux âges principaux,

(*) On sait que des mouvements pléistocènes sont également très nets sur le prolongement direct de la dépression égéenne, dans la mer Rouge.

les unes dans les terrains primaires (*), les autres dans le crétacé et l'éocène, et c'est un fait que l'on paraît même pouvoir généraliser dans toute la zone méditerranéenne (**).

Nous avons signalé de nombreuses intercalations serpentineuses dans les gneiss de Macédoine, notamment au N.-O. et au S.-E. du massif trachytique de l'Arda, où elles forment, parallèlement à des calcaires cristallins qui les accompagnent, un grand alignement N. 45° O. entre les environs de Philippopoli et ceux de Demotika. On en retrouve en Chalcidique et en Thessalie dans des schistes micacés à bancs amphiboliques (ouest de l'Ossa, mont Olympe, etc.), et il en existe également à l'est de Chios, dans les schistes et grès métamorphiques, ainsi qu'au nord de la presqu'île de Karabournou.

La série tertiaire, d'autre part, est représentée d'une manière précise : en Carie, où Tchihatcheff décrit, en face de Rhodes, des serpentines disloquant des calcaires crétacés (***) ; au sud de Trébizonde, dans la région d'Erzindjian, où des masses considérables de la même roche sont en relation avec l'éocène (****) ; en Eubée, où des filons serpentineux de 2 à 3 mètres recoupent le calcaire à hippurites, etc.

Des conditions de gisement analogues ont encore été signalées par Virlet en Péloponèse, Boué en Turquie d'Europe, Viquesnel en Albanie, Strickland (*****) en quelques points des environs de Smyrne et de Magnésie sur le Sipyle, en Bosnie, en Herzégovine, etc.

(*) Cependant les conglomérats serpentineux d'Argos sont jurassiques.

(**) Série ophiolithique des géologues italiens et de Mojsisovics, subordonnée au flysch éocène dans les Alpes, en Illyrie, Serbie ; serpentines des schistes lustrés des Alpes, associées au mont Viso avec des schistes à glaucophane ; péridotites et serpentines de la Serrania de Ronda ; serpentines accompagnant les amphibolites dans les micaschistes et schistes micacés du Plateau Central, etc.

(***) *Loc. cit.*, p. 418.

(****) *Loc. cit.*, p. 448.

(*****) Trans. of the geol. Soc. London, t. V, p. 394.

On ne peut donc établir, *a priori*, de règle générale pour l'âge des gisements serpentineux de l'Archipel ; mais cette étude d'ensemble montre que l'association de serpentines avec des gneiss, schistes micacés et calcaires cristallins est un fait très normal et fréquent dans cette région ; ce qui ne peut que nous confirmer, à défaut de toute indication contraire, dans nos conclusions locales sur l'âge primaire des serpentines de Mételin.

4° **Éruptions tertiaires.** — A partir du crétacé inférieur, les éruptions ont dû commencer à se produire dans cette zone égéenne, qui a été manifestement le théâtre de tant de dislocations pendant toute la période tertiaire, et elles ne se sont plus interrompues jusqu'à nos jours. Les plus anciennes venues rocheuses paraissent avoir été les plus septentrionales, zone crétacée de Bulgarie, du Bosphore et de la côte de la mer Noire ; les plus récentes, au contraire, les plus méridionales, volcans modernes de Santorin, Nisiros, etc.

Dans chaque cas particulier, il est souvent difficile de préciser l'âge exact de ces éruptions ; voici toutefois les principaux résultats auxquels on est arrivé, à ce propos, dans les diverses régions de l'Archipel.

Si nous reprenons l'ordre de notre description précédente, à Mételin, nous voyons que l'on a eu successivement (et, en général, sous forme de coulées), des trachytes rhyolithiques et dacites, puis des andésites à mica noir, hornblende et augite, des andésilabradorites (parfois augitiques) à péridot accessoire, enfin des labradorites augitiques à augite et péridot : c'est-à-dire une série de plus en plus basique, dont les derniers termes recoupent nettement le pontien, l'âge des premiers étant indéterminé.

Ces roches sont accompagnées de grandes masses, plus ou moins stratifiées, de brèches et conglomérats à blocs angulenx et bois silicifiés, qui prouvent une sédimentation contemporaine de ces éruptions, peut-être en partie sous-lacustres.

A Lemnos, l'ensemble plus homogène se présente sous forme de dykes éruptifs, également mélangés de quelques brèches, mais celles-ci étant rarement stratifiées.

Ce sont des trachyandésites, des andésites quartzifiées, des dacites et des andésites augitiques, c'est-à-dire des types d'acidité moyenne et assez constante, qui recoupent les grès et schistes, assimilés hypothétiquement au flysch supracrétacé de l'Eubée.

A Samothraki, le type dominant paraît être celui des trachyandésites, avec tufs volcaniques abondants, intercalés dans des conglomérats, qui surmontent le calcaire nummulitique ; ces roches formeraient, d'après Hœrnes, des lambeaux d'une coulée.

Dans le sud-ouest d'Imbros, Viquesnel signale des andésites amphiboliques avec cinérites.

En Troade, on retrouve des andésites à mica noir ou à amphibole, avec des obsidiennes, de grandes masses de tufs régulièrement stratifiées et de rares pointements basaltiques.

L'âge de ces roches tertiaires d'Asie Mineure serait, d'après Tchihatcheff (*), très variable, quelques-unes pouvant être antérieures au crétacé (région du Bosphore, Eregli, Angora), d'autres, au contraire, postérieures au levantin et peut-être même au pliocène (mont Pagus, près Smyrne).

A Kos, M. Teller signale des pointements trachytiques d'âge levantin et de puissants dépôts de tufs rhyolithiques superposés au pliocène marin.

A Santorin, l'ouvrage classique de M. Fouqué montre

(*) *Loc. cit.*, I, 439. Tchihatcheff fait remarquer l'association des roches éruptives avec des lacs salés.

que les éruptions, d'abord sous-marines, ont commencé à la fin du pliocène par des andésites à hornblende et des dacites, types analogues à ceux que nous venons de trouver dans toutes les îles.

Puis les éruptions à l'air libre ont donné une série de plus en plus acide : labradorites à anorthite, à labrador ; andésites.

Enfin, en Thrace et Macédoine, nous avons, d'après von Hochstetter, deux zones d'éruptions tertiaires bien distinctes :

1° Au nord, une série ancienne, avec tufs et conglomérats associés, intercalés dans le crétacé inférieur, allant de Sofia à Burgas, Jamboli et au Bosphore (trachytes, andésites augitiques, dolérites) ;

2° Plus au sud, notamment dans le Rhodope, une série plus acide, au moins éocène, de trachytes, rhyolithes, andésites, etc., avec obsidiennes, tufs à plantes silicifiées, parfois intercalés dans le nummulitique (Nebilkiöi).

C'est très probablement à cette dernière série et à celle de Troade qu'il faut rattacher nos roches de Lemnos et de Mételin et nous serions porté à croire que les éruptions de cette dernière île, ont commencé à l'éocène pour se prolonger jusqu'au pliocène. Celles de Lemnos ont été évidemment plus localisées dans le temps, comme l'indique leur homogénéité ; mais aucun indice ne nous permet de préciser à quel moment.

5° **Grandes lignes de plissement et de dislocation de la mer Égée.** — De toutes les études précédentes il ressort, croyons-nous, malgré l'incertitude où nous laissent encore tant et de si graves lacunes dans nos connaissances, un certain nombre de faits qui peuvent présenter quelque intérêt général (*).

(*) Divers travaux de synthèse ont déjà été tentés pour les plis de ces régions. Nous citerons seulement celui de la mission autrichienne,

Tout d'abord, les plis anciens de la mer Égée la prennent visiblement en écharpe, avec des directions N.E.-S.O., ou même presque nord-sud dans l'est, qui n'ont aucun rapport appréciable avec les lignes de dislocation mises en évidence par l'histoire de la région pendant les temps tertiaires, ou les formes du relief actuel, sinon, comme nous le verrons, une orthogonalité approximative, particulièrement caractérisée pour ce relief actuel.

Ces directions primaires, avec lesquelles les directions crétacées sont généralement concordantes, affectent, au nord, à mesure qu'on se rapproche des Balkans, une allure de plus en plus E.-O. et se raccordent ainsi aux grands plissements européens.

Les éruptions volcaniques, considérées comme crétacées, suivent, de Sophia au Bosphore et à Eregli, un de ces plis anciens parallèle aux Balkans et son prolongement possible vers l'est.

Pour les accidents tertiaires, si l'on se reporte à l'historique précédent, on voit que la mer éocène d'Asie Mineure s'est arrêtée à l'ouest, suivant une ligne N.E.-S.O. reliant Port-Lagos (en Thrace) à Rhodes, à peu près suivant la limite de la masse continentale asiatique actuelle.

Puis la mer Sarmatienne paraît avoir été limitée au sud par une ligne est-ouest allant du cap Baba au promontoire de Magnésie.

A l'époque pontienne, nous avons déjà signalé un alignement de dépôts lacustres ou saumâtres, qui rattache Mételin à Koumi dans l'Eubée et à Mégara dans l'Attique.

Enfin les lacs du levantin sont dispersés un peu partout au hasard.

Neumayr, Teller, etc. (Denkschr. der K. Ak. in Wien, 1880, t. XL), pour la Grèce, et celui de Philippson (Verh. d. Gesellschaft für Erdkunde zu Berlin, 1897), pour la mer Égée.

Quant aux éruptions volcaniques tertiaires, l'inspection de notre carte semble mettre en relief pour elles deux alignements : l'un, le plus net, rattachant la Troade à Mételin et peut-être au nord de Chios ; l'autre, bien plus problématique, pouvant grouper Lemnos, Imbros et Samothraki, d'une part avec Koumi dans l'Eubée, de l'autre avec les massifs de la région de Feredschik en Thrace, qui, eux-mêmes, semblent le prolongement incurvé de ceux du Rhodope.

A l'est, on aurait peut-être une autre ligne d'éruptions suivant la zone tertiaire de Mysie entre la presqu'île de Cysicus et le golfe de Smyrne.

Il n'y a rien, jusque-là, on le voit, dans ces directions de rivages anciens présumés ou de fractures éruptives, qui accuse une relation certaine avec les plissements primaires, ni avec le relief actuel ; mais il en est tout autrement quand on arrive au retour de la mer par le sud à la fin du pliocène et pendant le pléistocène. A ce moment, en effet, il paraît s'être produit, dans la mer Égée, une succession de dislocations, de failles et d'effondrements présentant un caractère très différent de celui des plissements primaires et dont le relief actuel du sol, manifesté par le dessin des côtes ou la forme des dépressions marines, est surtout la conséquence.

Le rivage nord de la mer Sicilienne (seconde faune pliocène), à savoir : Kos, Milo et le nord du Péloponèse, correspond, en effet, — comme l'axe éruptif Nisiros, Santorin, Ægina, qui est presque confondu avec lui, — à une très remarquable direction d'accidents dans le relief actuel du sol, accidents que les lignes de dépression marines mettent immédiatement en lumière sur notre carte et qui, presque partout, sont orthogonaux sur les directions primaires, quand ils ne leur sont pas conformes.

C'est un point intéressant qu'il nous reste à mettre en lumière.

Notre carte montre trois principales dépressions marines de plus de 500 mètres : l'une, au sud des Cyclades et des Sporades; la seconde, entre l'Eubée, Andros, Tinos et Samos, d'une part, Skyros, Chios et Karabournou, de l'autre ; la dernière, enfin, entre le mont Athos et Lemnos, prolongée par deux fosses profondes dans la mer de Marmara (*).

On pourrait en ajouter une quatrième intermédiaire, au sud de Mételin et d'Hagio Strati, entre ces îles et Chios et Skyros.

De ces quatre dépressions, l'une, celle du mont Athos, a un rôle spécial : elle est à la fois très rectiligne et, en grande partie, parallèle aux directions des massifs primaires (directions de la Thessalie, de la Chalcidique, etc.).

Les autres présentent souvent une curieuse tendance à s'infléchir en même temps que les plis anciens, mais perpendiculairement à eux ; on peut le remarquer notamment pour celle qui commence au sud de Chios avec une direction est-ouest et se prolonge par une série de gouffres dépassant, en deux points, 1.000 mètres le long de la côte d'Eubée.

Les auteurs de l'expédition de Morée avaient déjà remarqué, à l'est de l'Eubée et d'Andros, cet effondrement brusque, qui coupe les plis anciens orthogonalement et amène de brusques dépressions de 2.000 et 3.000 mètres ; mais le phénomène, qui paraît aujourd'hui caractérisé par une grande faille, bien manifeste également à l'est de la Thessalie, n'a peut-être été, au début, que l'accentuation ultérieure d'un de ces plis secondaires, à peu près orthogo-

---

(*) Au sud de la région que nous étudions, les plis secondaires du Péloponèse, de la Crète et de Rhodes dessinent, à peu près parallèlement à ces accidents, une grande courbe à concavité tournée vers le nord, que prolongent les sinuosités successives du Taurus Lycien et du Taurus Cilicien, conformément aux inflexions de la côte dans cette partie de l'Asie Mineure. A cette crête saillante succède au sud, et parallèlement, une dépression marine très profonde (plus de 3.000 mètres).

naux, que l'on trouve marqués sur la direction de la plupart des chaînes de plissement.

L'examen des côtes de Grèce, d'Eubée et de Chalcidique ne fait qu'accentuer cette observation. Il est très remarquable qu'elles présentent deux directions dominantes à peu près à angle droit, dont la principale N.N.O.-S.S.E. est admirablement caractérisée en Thessalie, en Eubée, dans le golfe de Salonique, dans les trois promontoires de Chalcidique, etc., et il est non moins curieux que ces directions des côtes coupent, dans toutes ces régions, presque orthogonalement, les plis primaires : c'est-à-dire que le sens des effondrements, commencés avec le pliocène et mis en lumière par les dépressions marines actuelles, semblerait, le plus souvent, orthogonal sur celui des plissements anciens (*).

Les fractures postpliocènes, observées à Mételin, Lemnos, Samothraki et au Bosphore, donnent lieu à des observations analogues.

En résumé, la direction N.N.O. est évidemment celle dont l'importance est la plus récente ; elle est caractéristique des effondrements, qu'on retrouve, plus au sud, marqués, jusqu'à l'époque pléistocène, dans la mer Rouge ; mais il est peut-être permis de voir, dans son rapport de perpendicularité avec les plis anciens, — qui, eux, au contraire, nous l'avons vu, sont N.E.-S.O. — l'indice d'une certaine communauté primitive d'origine ; et on en conclurait alors que, dès les plissements primaires, le continent Égéen a vu s'esquisser les zones de moindre résistance, qu'ont suivies ses mouvements de dislocation jusqu'à une époque presque contemporaine.

(*) On pourrait, sur bien des points, trouver des éléments de comparaison intéressants avec notre région dans la péninsule ibérique, placée d'une façon à peu près analogue par rapport aux mouvements alpestres (sinuosités des plis anciens, coupure de ces plis par des effondrements tertiaires, angle très prononcé des directions bétiques avec celles de la Meseta, le long de la faille du Guadalquivir, etc.).

APPENDICE.

Note sur les Bois fossiles de Mételin

Par M. FLICHE, Professeur à l'École Forestière de Nancy.

Les bois fossiles rapportés de Mételin par M. L. de Launay se divisent en deux séries, différentes par leur localité d'origine et par leur mode de fossilisation. La première provient de la pointe Orthymnos au N. E. de l'île, et les bois y sont à l'état de lignites ; la seconde, du versant N. E. du mont Orthymnos ; les bois y sont minéralisés. Il va être question d'abord de la première, comprenant vingt-sept échantillons.

L'examen macroscopique et surtout l'étude microscopique faite, soit sur des coupes minces, soit sur les éléments ligneux, après traitement par l'acide azotique bouillant, a montré que ces bois appartiennent à trois grands types d'organisation : celui des Conifères parmi les Gymnospermes, des Palmiers, parmi les Angiospermes monocotylédones ; enfin les Angiospermes dicotylédones. Au premier se rapportent seize échantillons qui se ressemblent tous, en ce qu'ils n'offrent aucune trace d'insertion de rameaux et qu'ils sont totalement dépouillés de leur écorce ; quelques-uns présentent bien, sur un côté, une surface rugueuse qu'on pourrait, à un examen superficiel, prendre pour de l'écorce ; en réalité, on est seulement en présence de bois plus altéré. A côté de ce double caractère commun, ces bois présentent quelques différences d'aspect, résultant d'un mode de conservation dissemblable qui permet de les répartir en trois groupes.

Le premier se réduit à deux échantillons (n°s 4 et 31)

qui sont visiblement assez fortement minéralisés ; leur poids seul en témoigne, et la combustion montre qu'ils donnent en effet 87,5 p. 100 de cendres ; ils sont d'un noir un peu moins foncé que les échantillons des deux groupes suivants. Leur cassure est irrégulière, et l'examen macroscopique, même avec l'aide d'une loupe, ne permet de voir ni accroissements annuels, ni traces certaines de structure.

Le second groupe comprend cinq échantillons (n°s 13, 14, 15, 16, 23); ils ont l'aspect de charbons faits de main d'homme ; ils présentent parfois quelques incrustations de matières minérales. Sur des cassures fraîches, l'examen macroscopique, surtout avec l'aide de la loupe, montre des accroissements annuels et, sur les faces latérales, de la structure souvent très bien conservée.

Le troisième groupe comprend neuf échantillons (n°s 3, 18, 24, 25, 26, 27, 28, 29, 30). Il est un peu moins homogène que le précédent ; tandis que le n° 18 s'en rapproche, le n° 24 a, par une plus forte minéralisation, de l'analogie avec le premier, dont il se distingue par un degré de décomposition plus avancé, ce qui est la caractéristique de ce groupe ; les autres échantillons, qui se ressemblent beaucoup, sont très noirs, parfois très luisants. Le charbon montre, surtout sur la coupe transversale, une très grande homogénéité ; il se brise facilement, présente souvent de nombreuses fentes et parfois sur la tranche une structure feuilletée qu'on pourrait croire correspondre à des accroissements annuels ; en réalité il n'en est rien, on ne voit, ni à l'œil nu, ni à la loupe, rien qui leur ressemble, mais sur les surfaces verticales on voit parfois des traces de structure.

L'examen macroscopique des bois de cette dernière catégorie montre que la structure est très imparfaitement conservée, trop mal pour permettre une détermination certaine. Il semble probable qu'il s'agit d'un *Cedroxylon*, mais cela même reste douteux, et ce bois échappe à toute description précise.

Les coupes microscopiques de l'un des échantillons du premier groupe révèlent encore une structure fort altérée ; cependant celle-ci est assez bien conservée, surtout par endroits, pour qu'on puisse affirmer qu'on est en présence d'un *Cedroxylon* à couches annuelles bien marquées, quoique le bois d'automne n'ait pas de caractères très accusés ; ces couches ont de 2 1/2 à 4 millimètres de largeur ; mais celle-ci était plus forte sur le bois vivant, celui-ci durant la fossilisation ayant subi une assez forte compression dont les effets se traduisent par le dérangement des files de trachéides. Les rayons médullaires présentent de cinq à treize assises de cellules superposées, les nombres moyens étant les plus fréquents.

Les bois du second groupe ont donné les meilleures coupes microscopiques : elles présentent tous les caractères d'un *Cedroxylon* à accroissements très marqués ; les files de trachéides n'ont pas subi de dérangement, ce qui indique que le bois n'a pas été sensiblement comprimé. Mais il a dû subir une certaine contraction, et c'est ce qui paraît rendre la section des trachéides d'automne difficile à bien voir ; les accroissements annuels ont dû, par suite, avoir une épaisseur un peu supérieure à celle qu'on constate aujourd'hui : 3/4 à 1 1/2 millimètre ; les rayons médullaires, de hauteur assez égale, présentent en section tangentielle de 7 à 11 cellules superposées, les nombres moyens étant, comme d'habitude, les plus fréquents, les plus faibles plus fréquents que les plus élevés.

Les différences constatées entre les deux *Cedroxylon* qui viennent d'être examinés pourraient faire penser à deux espèces différentes ; mais, indépendamment du peu de valeur que présentent habituellement les soi-disant espèces établies pour les bois fossiles secondaires ou tertiaires, l'état de conservation de l'un surtout de ces

Cedroxylon rendrait la détermination spécifique qui en serait faite encore plus douteuse. Il se pourrait d'ailleurs que les bois du troisième groupe proviennent des rameaux d'un Conifère dont les tiges auraient donné les bois de la première et sans doute de la seconde catégorie ; les différences constatées sont, en effet, du même ordre que celles observées, chez les Conifères actuels, entre le bois de tige et le bois de rameaux, épaisseur des couches annuelles plus faible et paroi des trachéides plus forte chez ces derniers ; cette manière de voir serait confirmée par les faibles dimensions des bois de la seconde catégorie.

Les tiges d'Angiospermes monocotylédones, du type des Palmiers, sont représentées, sous le n° 22, par quatre échantillons noirs, peu volumineux, tous semblables, à ce point qu'ils semblent provenir d'une même tige. La structure propre des tiges de ce type est très visible macroscopiquement. Les coupes microscopiques vérifient complètement cette attribution, mais en même temps, à raison de l'état de conservation, elles ne permettent pas une étude bien complète de la structure ; il semble cependant certain, d'après ce qu'on peut constater sur les meilleures parties de la coupe transversale, qu'entre les faisceaux ligneux on ne voit pas, dans le parenchyme fondamental, de faisceaux de cellules scléreuses, ce qui les place dans le premier des deux grands groupes établis d'abord par Stenzel, et admis ensuite par Schenk, dans les tiges fossiles de Palmiers dont on a fait le genre *Palmoxylon*. Il semble impossible, vu le médiocre état de conservation des échantillons, de faire une détermination spécifique, même avec les réserves que celle-ci comporte toujours. De même, un rapprochement avec les Palmiers vivants ne comporterait aucune certitude ; il ne semble pas cependant, d'après ce qu'on peut voir de la structure du faisceau, qu'il s'agisse d'un *Phœnix*, peut-être serait-ce plutôt un *Sabal* ou un *Chamærops*, genres qui, parmi ceux présentant le même type de tiges, ont laissé des feuilles dans les couches d'âge identique à celui qui a fourni cette tige fossile.

Les Angiospermes dicotylédones sont représentés par dix échantillons sous les n°s 1, 2, 9, 10, 11, 12, 17, 19, 20, 21 ; ils offrent entre eux la plus grande analogie d'aspect extérieur, à ce point que plusieurs au moins peuvent provenir du même arbre. A l'examen macroscopique ils sont d'un beau noir, de faible dureté, très fragiles ; ils ne présentent point de traces de ramifications normales, mais parfois (le n° 1 surtout) ils montrent des portions de broussins. Le n° 2 porte quelques restes d'écorce ; celle-ci bien intacte a persisté sur cinq échantillons, en plaques plus ou moins étendues. Ces bois ont été visiblement plus ou moins comprimés, mais en même temps on constate qu'abstraction faite des déformations dues aux actions mécaniques qui se sont fait sentir pendant la fossilisation, ces bois sur pied avaient la fibre plus ou moins tourmentée, ce qui est dû en partie à la présence des broussins et aussi sans doute à ce que les tiges avaient souvent une forme irrégulière. Sur une section transversale, surtout récemment rafraichie, on constate, à l'œil nu ou mieux à la loupe, des accroissements ligneux assez rarement bien visibles, et, même dans ce cas, peu marqués ; on voit, en outre, des vaisseaux assez gros, rares et disséminés ; ces derniers se voient aussi assez bien sur les sections longitudinales.

Des coupes minces ont été faites des échantillons n°s 1 et 2 ; l'examen microscopique de la coupe transversale de chacun montre d'abord que les tissus sont fort endommagés, surtout sur le second, comme l'avait déjà montré l'examen macroscopique ; on voit que cela résulte surtout de la compression qui s'est exercée durant la fossilisation ; non seulement les tissus ont été plus ou moins ployés, mais ils ont été aussi assez souvent écrasés, notamment en ce qui concerne leurs éléments à lumen large et à paroi moins épaisse, tout particulièrement les vaisseaux.

Néanmoins on trouve de petites étendues de la coupe transversale, surtout chez le n° 1, où la structure est encore très nette ; on constate que celle-ci est la même pour les deux échantillons, les différences en dehors de l'état de conservation étant insignifiantes : on voit que des vaisseaux, assez peu nombreux, assez gros, sont fréquemment isolés, plus habituellement groupés par deux ou par trois en série radiale ; très rarement deux se touchent horizontalement. Les rayons égaux sont généralement formés d'un seul plan de cellules ; entre eux et entre les vaisseaux un parenchyme assez homogène ; cependant on voit des cellules à cavités plus larges et, en effet, les coupes longitudinales montrent qu'il y a, d'une part, des fibres et, de l'autre, du parenchyme ligneux assez irrégulièrement distribué, peut-être parfois en bandes transversales. Tous ces caractères se retrouvent, parmi les bois vivants, dans la famille des Ebénacées ; on a rapproché de ceux-ci, parmi les bois fossiles, les *Ebenoxylon* Felix et les *Jordania* Schenk. Ces derniers ont été spécialement comparés aux bois des *Royena* par Schenk qui a créé le genre. Il semble préférable d'attribuer les bois de Métélin au premier genre ; ce serait même parmi les bois des *Diospyros* vivants que se trouveraient leurs plus étroites analogies. Leurs vaisseaux à ponctuations arrondies continguës les rapprochent aussi des Ebénacées. Bien que ces échantillons, malgré leur médiocre état, fournissent quelques caractères bien précis (on peut y ajouter celui fourni par leurs rayons médullaires formés de 10 à 19 plans de cellules assez hauts), il ne paraît pas qu'il y ait lieu de leur attribuer un nom spécifique, surtout étant donné le peu de valeur de ces soi-disant espèces.

Il a été dit plus haut que plusieurs de ces échantillons

sont encore en partie recouverts de leur écorce. Celle-ci est peu épaisse, irrégulièrement gerçurée verticalement et transversalement; la surface des petites plaques ainsi formées est irrégulière avec des saillies quelquefois ponctiformes; quelquefois elles sont comme un peu vermiculées; ces caractères se retrouvent non pas identiques, bien entendu, mais fort analogues, de même que ceux fournis par la surface du bois, finement sillonnée en-dessous de cette écorce, chez diverses Ebénacées vivantes (*), on les retrouve tout particulièrement chez deux échantillons de *Diospyros kaki* du Japon donnés par le Gouvernement impérial japonais à l'École forestière. Cela fortifie l'attribution de ces bois à des Ebénacées et même aux *Diospyros*, toutefois sous les réserves qu'il importe toujours de faire en pareil cas, c'est-à-dire lorsqu'on est en présence de bois et d'écorces isolés de tous autres organes.

Si nous passons maintenant à la seconde série, composée de quatre échantillons (n°s 5-8) seulement, nous voyons que tous se ressemblent en ce qu'ils sont fortement minéralisés, mais qu'ils diffèrent beaucoup dans leur consistance, très forte chez le n° 8, très faible chez le n° 7, dans leur coloration, presque blanche chez le n° 6, foncée (brun ou noirâtre) chez les autres. Le n° 5 porte une insertion de branche; la structure est en général assez peu nette microscopiquement. L'examen microscopique a montré que tous ces bois proviennent de Conifères, mais à des états de conservation qui, toujours imparfaits, le sont quelquefois au point de ne permettre aucune détermination même générique; seuls, les n°s 5 et 8 en comportent.

(*) Il est bon de faire observer qu'il y a, chez elles, de ce chef des différences profondes, même entre espèces d'un même genre, quelques-unes ayant au contraire une écorce plus ou moins épaisse.

Le n° 8 est assez volumineux, en partie engagé dans sa gangue; il est d'un noir assez prononcé intérieurement, plus clair sur la face libre, sur laquelle on voit nettement, à la loupe et même à l'œil nu, des accroissements annuels ; le bois paraît, en outre, avoir présenté des fentes superficielles remplies aujourd'hui de matière amorphe.

La coupe microscopique transversale montre bien, en effet, des accroissements annuels, mais il est impossible de se rendre compte de ce qu'était leur largeur, attendu que, comprimés dans le sens du rayon, ils ont tous leur région de printemps, qui paraît avoir été assez large, écrasée de telle sorte qu'il est impossible de se rendre compte de la forme et des dimensions de la section des trachéides; seule, la zone d'automne est bien conservée. Cela suffit pour voir que le bois renferme exclusivement des trachéides et des rayons médullaires, ceux-ci nombreux ; la coupe verticale montre des régions où elle est radiale, correspondant en général au bois d'automne et d'autres où elle est tangentielle, plutôt le bois de printemps ; les ponctuations se distinguent en général assez mal ; cependant on les voit assez bien, en certains endroits, pour constater qu'elles sont unisériées, arrondies et non comprimées par contact. On doit faire observer toutefois qu'il serait possible que le fait d'être exclusivement unisériées tînt à ce que c'est presque uniquement sur les étroites trachéides de bois d'automne qu'on voit des ponctuations. On ne constate pas d'épaississement spiralé ; ce qui parfois y ressemblerait tient à l'altération de la paroi cellulaire. Les caractères qui viennent d'être passés en revue démontrent qu'il s'agit d'un *Cedroxylon ;* il est bien évident que, vu l'état de conservation de ce bois, il n'y a pas à chercher à établir une diagnose spécifique ; notons toutefois que les rayons, non seulement sont nombreux, mais qu'ils sont hauts de 12 à 30 files de cellules superposées, les chiffres moyens étant les plus nombreux ;

les ponctuations de ces cellules sont à peu près indistinctes.

Le n° 5, volumineux, est brun noirâtre intérieurement, plus clair extérieurement ; à l'œil nu ou même à la loupe, les traces d'organisation sont fort indistinctes. La coupe microscopique transversale montre que ce bois a subi une compression identique à celle qui a été constatée sur le précédent, mais elle a été plus forte, et sans doute aussi les conditions de fossilisation ont été moins favorables, car les accroissements annuels qui étaient très marqués ne se voient pas dans leur intégralité ; cependant les portions de tissus bien conservés et appartenant surtout à du bois d'automne montrent qu'avec les trachéides et les rayons médullaires simples ce bois contient des canaux résinifères, et, semble-t-il, aussi des canaux formés d'une seule file de cellules. La section longitudinale, tantôt radiale, tantôt tangentielle, montre fréquemment les ponctuations aréolées des trachéides ; celles-ci sont généralement bisériées. Mais, sur les trachéides les mieux conservées, elles sont nettement arrondies, isolées et placées en deux files, sur lesquelles elles sont à la même hauteur. La présence des canaux résinifères montre qu'il s'agit d'un *Pityoxylon*, qu'on ne peut d'ailleurs, vu le médiocre état de conservation, décrire d'une façon plus précise ; ajoutons cependant que les cellules des rayons médullaires paraissent être toutes de même valeur, peut-être à grosses ponctuations et qu'elles forment pour chaque rayon de 5 à 20 files superposées, les nombres 14-15 étant les plus fréquents.

Des bois fossiles provenant de Métclin ont déjà été étudiés par Unger et décrits par lui dans son *Chloris protogæa* (Leipzig, 1844) ; il les a signalés ensuite dans son *Synopsis* (Leipzig, 1845), et dans son *Genera et species* (Vienne, 1849) ; ces espèces ont été données depuis, en totalité ou en partie, dans divers travaux généraux :

ainsi par Schimper, *Traité de paléontologie végétale* (Paris, 1869-74); Göppert, *Monographie der fossilen Coniferen* (Leyde, 1850); P. Kaiser, *Die Fossilen Laubhölzer* (Schönebeck, 1890); mais l'indication des couches dont ils proviennent est extrêmement vague (*formatio probabiliter tertiaria insulæ Lesbos*). Il y a deux Conifères *Peuce lesbia* (aujourd'hui *Cedroxylon lesbium* Kr.) et *Taxoxylon priscum;* trois Angiospermes dicotylédones, *Juglandinium mediterraneum* et *Mirbelites lesbius* rapprochés des Juglandées, et *Brongniartites græcus*, sans rapprochement avec aucun bois actuel.

Il est difficile, sur de courtes diagnoses et sans figures, de tenter une assimilation de ces bois avec ceux dont il a été question précédemment. Toutefois, en ce qui concerne les conifères, on peut affirmer que le genre *Taxoxylon* n'a point de représentants parmi eux. Quant au *Cedroxylon* (*Peuce*) *lesbium* il pourrait se faire qu'il fût identique avec le meilleur *Cedroxylon* des lignites; les caractères fournis par les couches annuelles sont les mêmes de part et d'autre; les rayons médullaires paraissent être également semblables, le nombre de cellules le plus faible indiqué par Unger n'ayant pas grande importance.

Quant aux Dicotylédones, le bois des lignites n'a aucune ressemblance avec ce qui a été qualifié de *Brongniartites* par Unger; mais il se pourrait qu'il fût compris dans ce que celui-ci avait attribué à des Juglandées, attribution qui a été combattue notamment par Kraus.

Quoi qu'on puisse penser de ces bois étudiés par Unger, les nouveaux échantillons de Mételin ont le mérite d'appartenir à des couches bien déterminées, d'offrir, avec des Conifères, dont un *Pityoxylon*, type non encore signalé dans l'île, et avec une Angiosperme dicotylédone, un bois de Palmier qui n'y avait point encore été indiqué non plus.

Les calcaires encaissant les lignites présentent parfois

des moules en creux d'organes végétaux; ils sont très mauvais. Le moulage en plâtre, exécuté par M. Munier-Chalmas, de celui qui parut le meilleur d'entre eux montre qu'il a été laissé par le strobile d'un Conifère appartenant au genre Pin pris dans son sens le plus étroit. Il semble qu'il s'agit d'une espèce non encore décrite.

Parmi les fossiles ce serait des *Pinus palæodrymis* Sap. et *P. tenuis* Sap., tous deux d'Armissan, que le cône de Mételin se rapprocherait le plus, du dernier surtout. De même que, pour ceux-ci, ce serait avec le *P. sylvestris* que seraient les affinités parmi les espèces vivantes. Quelques écailles sont très bien conservées : malgré cela l'échantillon est si incomplet qu'il parait préférable de ne pas lui imposer un nom spécifique.

BIBLIOGRAPHIE GÉOLOGIQUE DE LA MER ÉGÉE (*).

1717. TOURNEFORT....... Relation d'un voyage dans le **Levant.**

1776. CHANDLER.......... Travels in **Greece** (Oxford).

1801. G.-A. OLIVIER...... Voyage dans l'**Empire Ottoman,** l'Égypte et la Perse (Paris).

1807. MURHARD.......... Gemälde des griechischen **Archipelagus.**

1810. HÉRON de VILLEFOSE. De la richesse minérale de la **Grèce.**

1817. TANCOIGNE......... Voyage à **Smyrne,** dans l'**Archipel** et l'île de **Candie.**

1818. BOEKH............. Die laurischen Bergwerke in **Attika** (*Abhandl. der Hist. Philol. Classe der Berliner Academie*).

1822. POPPO............. Beiträge zur Kunde der Insel **Chios** (Frankfurt, 1822, Programm des Friedrichs-Gymnasiums).

1822. CHOISEUL-GOUFFIER. Voyage pittoresque en **Grèce** (2e éd. de l'ouvrage publié en 1782, in-f°).

1824. SAINTE-BEUVE...... **Chio, Lesbos, Candie** (*Le Globe* du 4 novembre 1824).

1833. De BOBLAYE et VIRLET. Géologie et minéralogie de la **Morée** (in-4°) (Exp. de Morée) (avec carte géologique).

1834. VIRLET............ Notes géologiques sur les **Sporades septentrionales** (Exp. scientifique en Morée).

1835. KOBELL............ Ueber Hydromagnesit von Kumi, auf **Negroponte** (*Erdmanns Journal f. präkt. Ch.*, t. IV, p. 80).

1835. LEAKE...... ...... Travels in **Northern Greece.** 4 vol. in-8°.

1836. Von PROKESCH OSTEN. Notes archéologiques sur **Thasos** (*Denkwürdigkeiten aus dem Orient*, III, p. 611), et Dissertationi della pontifica Academia romana di Archeologia (Roma), t. VI, p. 179.

1839. RUSSEGGER......... Lettre à Léonhard sur les résultats de ses voyages en **Grèce** (*N. Jahrb. fur Mineralogie*, 1839, p. 690-693).

(*) Une bibliographie détaillée de la géologie de l'Orient en général, surtout au point de vue paléontologique, a été donnée par Neumayr (*Denkschr. der K. K. Ak. der Wissenschaften*, Wien, 1880, t. XL, p. 380). — Afin de faciliter les recherches, nous avons imprimé en égyptiennes **(Levant),** le nom géographique principal dans chaque titre d'ouvrage.

1839. BOUÉ.............. Sur la **Thessalie** et la **Bulgarie** (*Bull. Soc. Géol.*, t. XI, p. 93).

1840. FIEDLER.......... Reise durch alle Theile des Königreiches **Griechenland** (Leipzig).

1840. BOUÉ.............. Esquisse géologique de la **Turquie d'Europe.** — Extrait de: la Turquie d'Europe, 4 vol., Paris (avec carte manuscrite, citée par Hochstetter). Publ. en 1889 en 2 vol. in-8° par l'Ac. des Sc. de Vienne, avec bibl., p. VII-XI.

1840. ROSS.............. Reisen auf den **Griechischen Inseln.**

1840. H.-E. STRICKLAND.. On the geology of the neigbourhood of **Smyrna** (*Trans. Geol. Soc.* London, 1840, t. V, p. 393-402).

1840. RUSSEGGER........ Vorläufiger Bericht ueber seine Reisen im **Griechischen Archipel** (*N. Jahrbuch f. Mineralogie*, 1840, p. 196-208).

1840. RUSSEGGER........ Sur l'île de **Milo** (*Nouv. Ann. de Géol. de Leonhard*, 6e cahier).

1840. W.-J. HAMILTON.... On a few detached places along the coast of **Ionia** and **Caria**; and on the island of **Rhodes** (*Proc. Geol. Soc.* London, 1840, p. 297).

1841. HAMILTON et STRICKLAND........... On the geology of the west part of **Asia Minor** (*Trans. Geol. Soc.* London, 1841, t. VI).

1841. GRISEBACH......... Reisen durch **Rumelien** und nach Brussa (2 vol. in-8°, Goettingen).

1842. Fr. KOBELL........ Ueber einen Meerschaum von **Theben** in Griechenland (*Münchener gelehrte Anzeigen*, vol. XV, p. 292).

1843. RUSSEGGER......... Reise in **Griechenland,** Unter-Ægypten, im nördl. Syrien und sudöstl. Kleinasien und geol. Karte des Taurus.

1843. De CIGALIA........ Analise delle acque minerali di **Grecia** (*Giornale Toscano di Scienze mediche, fisiche e naturali di Pisa*).

1842-44. VIQUESNEL...... Journal d'un voyage dans la **Turquie d'Europe** — Serbie et Albanie (*Mém. de la Soc. géol.*, 1re série, t. V, p. 35-127), et Macédoine, avec une partie de l'Albanie, de l'Épire et de la Thessalie (*Ibid.*, 1844, 2e série, t. I, p. 207-303).

1844. UNGER............. Chloris protegea et Sinopsis (Leipzig). — Sur les bois fossiles de **Mételin.**

1845. G.-V. ECKENBRECHER. Die Insel **Chios** (Berlin).

1845. SPRATT............ Observations on the geology of the Southern Part of the Gulf of **Smyrna** and promontory of Karabournou (*Quart. Journal geol. Soc.*, t. I, p. 156-164, avec carte géologique).

1846. Sauvage.......... Observations sur la géologie d'une partie de la Grèce continentale et de l'île d'**Eubée** (*Ann. des Mines*, 4e série, t. X, p. 101).

1846. Sauvage.......... Description géol. de l'île de **Milo** (*Ann. des Mines*, 4e série, t. X, p. 69).

1847. T.-A. Spratt...... Geology of the Island of **Eubœa** (*Quart. Journ.*, t. III).

1847. A. Wagner........ Urweltliche Saugethierreste aus **Griechenland** (*Abhandl. der K. Akademie in München*, vol. V, p. 333).

1847. Spratt........... Remarks on the geology of the Island of **Samos** (*Quart. Journal of the Geol. Soc.*, 1847, p. 65).

1847. E. Forbes......... On the fossils collected by Lt. Spratt in the Island of **Samos** and **Eubœa** (*Quart. Journal of the Geological Society*. London, vol. III).

1847. Forbes and Spratt. Travels in **Lycia,** Mylas and the Gibarytis (London).

1848. Brunner.......... Zerlegung des Magnesits aus **Griechenland** (Verhandl. der Schweiser-Gesellschaft zu Winterthur) (*N. Jahrbuch*, 1848, p. 182).

1848. Landerer......... Ueber die Höhlen **Griechenlands** und über die in Griechenland vorkommenden Petrefacte (*N. Jahrbuch*, 1848, p. 420-513).

1848. Russegger........ Reisen in der **Levante** und in Europa (Stuttgart).

1848. Perret........... Sur les tremblements de terre de la **péninsule Turco-Hellénique** et de la Syrie (Bruxelles).

1850. Viquesnel........ Emplacement du **Bosphore** à l'époque du dépôt du terrain nummulitique (*Bull. Soc. géol.*, 2e série, t. VII, p. 516 à 561).

1850. Landerer......... Sur l'effet des sources thermales de Karystos, Hypati et Ædipsos (Athènes, en grec).

1851. Viquesnel........ Sur une collection de roches recueillies par Hommaire de Hell sur le littoral européen de la **mer Noire** (*Bull. Soc. géol.*, 2e série, t. VIII, p. 515 à 533).

1851. Viquesnel........ Lettre sur les environs de **Constantinople** (*Bull. Soc. géol.*, 2e série, t. VIII, p. 508 à 516).

1852. Fischer de Waldheim.......... Sur quelques poissons fossiles de la Russie et de la Grèce (Moscou).

1853. Viquesnel........ Résumé des observations géographiques et géologiques faites en 1847 dans la **Turquie**

d'Europe (*Bull. Soc. géol.*, 2ᵉ série, t. X, p. 454 à 476).

1853. Louis LACROIX..... Les **Iles de la Grèce** (Firmin-Didot).

1854. GAUDRY............ Sur le mont **Pentélique** et le gisement d'ossements fossiles situé à sa base (Paris, *Bull. Soc. géol.*, XI, p. 265-359, et *C. R.*, vol. XXXVIII, p. 611-613).

1854. VIRLET............ Géologie de **Samothrace** (*Bull. Soc. géol.*, t. XI, p. 174).

1854. ROTH.............. Ueber Seine Reisen nach **Griechenland** und Syrien (*Münchener gelehrte Anzeigen*, vol. XXXVIII, p. 234).

1854. ROTH et WAGNER... Die fossilen Knochen von **Pikermi** bei Athen. (*Denkschr. der Münchener Akademie*, t. VII).

1855. LINDERMAYER....... **Eubœa,** eine naturhistorische Skizze (*Bull. de la Soc. des Natur. de Moscou*, t. XXVIII, p. 401 à 455).

1855. BOUTAN............ Rapport archéologique sur **Lesbos** (*Arch. des Missions scient. et littér.*, t. V).

1855. GAUDRY........... Sur les recherches à **Pikermi** (*C. R.*, XLI, p. 894-897; XLIII, p. 291-293; LI, p. 457-460; LI, p. 500-502).

1856. GAUDRY........... Sur les tremblements de terre qui ont renversé, en 1835, la ville de **Thèbes** (*C.R.*, XLII).

1857. SPRATT............ On the freshwater deposits of **Eubœa,** the coast of **Grece** and **Salonika** (*Quart. Journal of the Geol. Soc.*, XIII, p. 177-184, Londres).

1858. PERROT............ Rapport sur **Thasos** à l'Académie des Inscriptions et Belles-Lettres (12 nov. 1858).

1858. SPRATT............ On the freshwater deposits of the **Levant** (*Quart. Journal of the Geol. Soc.*, vol. XIV, p. 212, Londres).

1859. GAUDRY........... Géologie de l'île de **Chypre** (*Mém. de la Soc. géol. de France*, t. VII, 2ᵉ série).

1860. GAUDRY........... Plantes fossiles de l'île d'**Eubée** (*C. R.*, t. L, p. 1093-1095).

1860. LINDERMAYER....... Geschichte der Veränderungen, welche die Provinz **Attika** erlitten hat, ehe sie vom Menschen bewohnt wurde (*Bericht des Augsburger naturwissenschaftlichen Vereines*, vol. XV, p. 87).

1860-62. GAUDRY......... Animaux fossiles et géologie de l'**Attique.**

1860. CONZE............. Reise auf den Inseln des Trakischen Meeres (**Thasos, Samothraki, Imbros et Lemnos**) (Hanover, Carl Rumpler).

1861. A. WAGNER....... Nachträge zur Kenntniss fossiler Hufthiere von **Pikermi** (*Sitzungsber. der K. Akademie der Wissensch. in München*, p. 73).

1861. G. Tschermak ..... Analyse eines hydrophanähnlichen Minerals von **Theben** (*Sitzungsber. der K. Akademie in Wien*, XLIII, p. 38).

1861. Brongniart .... Plantes fossiles de **Koumi** (*C. R.*, t. LII).

1861. G. Schmidt .... Beiträge zur physikalischen Geographie von **Griechenland.** Athen.

1861. Valenciennes ...... Rapport sur les collections des espèces de mammifères déterminés par leurs nombreux ossements fossiles recueillis par M. A. Gaudry à **Pikermi** (*C. R.*, t. LII).

1855-61. Viquesnel ...... Voyage dans la **Turquie d'Europe.** Description physique et géologique de la Thrace (Bertrand, édit., 2 vol. in-4° de 628 et 544 pages. La géologie occupe les pages 305 à 536 du t. II. — Atlas de 34 pl.).

1862. Gaudry .... Sur les débris d'oiseaux et de reptiles trouvés à **Pikermi,** suivi de quelques remarques de paléontologie générale (*Bull. Soc. géol. de France*, 2e série, t. XIX, p. 629-640).

1862. G. Schmidt .... Reisestudien in **Griechenland** (*Petermann's Geographische mittheilungen*, p. 201-329).

1862. F. Unger .... Wissenschaftliche Ergebnisse einer Reise in **Griechenland** und auf den **Ionischen Inseln.**

1862. Schwartz .... On the facture of geological attempts in **Grece** prior to the Epoch of Alexander. Part. I, London.

1864. Landerer .... Mittheilungen uber die Bergbaue der Hellenen (*N. Jahrbuch fur Mineralogie*, etc., p. 45).

1864. Perrot .... Mémoire archéologique sur l'île de **Thasos** (*Ann. des Missions scient. et litt.*, 2e série, t. V).

1864. Tchihatcheft ...... Le **Bosphore et Constantinople** (Paris).

1865. Spratt .... Travels and researches in **Crete** (London).

1865. Conze .... Reise auf der Insel **Lesbos** (Hannover, Carl Rümpler).

1866. A. Gaudry .... Résumé des recherches sur les animaux fossiles de **Pikermi** (*Bull. Soc. géol.*, 2e série, t. XXIII, p. 509).

1866. A. Gaudry .... Considérations générales sur les animaux fossiles de l'**Attique.** Paris.

1867. Karl-F. Peters .... Grundlinien zur Geographie und Geologie der **Dobrudscha** (*Denkschs. d. Kaiser. Akad. d. Wissensch.*, XXVII).

1867. A. Lennox .... Rapport sur la géologie d'une partie de la **Rumélie** (Londres).

1867. Abdullah-bey et Tchihatcheff.... Faune dévonienne du **Bosphore** (*C. R.*, t. LXIV).

1867. Reiss et Stübel.... Ausflug nach den vulkanischen Gebirgen von **Ægina** und **Methana** (*Heidelberg Bessermann*, 1 vol. in-8°).

1867. Unger............ Die fossile Flora von Kumi **(Eubœa)** (*Denksch. der K. Ak. in Wien*, t. XXVII).

1867. Tchihatcheff...... Géologie de l'**Asie-Mineure** (Paris, Morgand), 3 vol. in-8°, avec carte géolog. en couleurs.

1868. Saporta.......... Sur la flore fossile de Coumi **(Eubée)** (*Bull. Soc. géol.*, 2e série, t. XXV, p. 315).

1868. W. Reiss et A. Stübel............ Gesch. der vulk. Ausbrüche bei **Santorin** (*Sitz. d. K. Ak. d. Wiss. Wien*, t. 59), avec bibl.)

1868. Fouqué............ Etude des tremblements de terre de **Céphalonie** (11 février 1867) et de **Mételin** (6 mars 1867) (*C. R.*, 17 février et 30 mars 1868).

1869. A. Cordella....... Le **Laurium** (Marseille).

1869. Raulin............ Description phys. de l'île de **Crète** (1 vol. in-8°, Bordeaux).

1869. Abdullah-bey...... Faune de la formation dévonienne du Bosphore de **Constantinople** (*Gazette médicale d'Orient*, mars 1869).

1870. F. Römer......... Ueber Python Eubœicus von **Kumi** (*Zeitschr. der Deutschen geolog. Gesellschaft*, t. XXII, p. 582).

1870. Von Hochstetter.. Die geolog. Verhältnisse des östl. Theiles der **Europäischen Turkei** (*Jahrb. der K. K. geol. Reischsanstalt*, t. XX, p. 365 à 461 avec carte géologique, et *Ibid.*, 1872), t. XXII, p. 331 à 388 (*Mittheil. der K. geogr. Gesellsch.*, 1870).

1870. Cordella.... ..... Description des produits des mines et des usines du **Laurium** (Athènes).

1870. Em. Tietze...... . Geologische Notizen aus dem nordöstlichen **Serbien** (*Jahrb. der K. K. geol. Reichsanstalt*, t. XX, p. 567 à 600).

1870. G. Schmidt........ Erdbeben in **Griechenland** (*Verhandlungen der Geologischen Reichsanstalt*, p. 226).

1870. Von Andrian...... Die vulcanischen Gebilde des **Bosphorus** (*Jahrb. der K. K. geol. Reichsanstalt*, t. XX, p. 201 à 226).

1871. De Ducker........ Sur les traces de la main de l'homme sur les ossements de **Pikermi**, avec une réponse de M. A. Gaudry (*Bull. Soc. géol.*, t. XXIX, p. 227).

1872. LEDOUX............ Le **Laurium** (*Revue des Deux Mondes*).

1873. ANSTED............ On the Solfataras and deposits of sulphur at **Kalamaki** (*Quart. Journal of the geol. Soc.*, London, p. 360).

1873-75. GORCEIX........ Géologie de l'île de **Kos** (*Bull. Soc. geol.*, 1873 p. 146-398; *C. R.*, 1874, p. 456; *Ann. Ecole normale*, II, t. V, p. 205, 1875).

1873. Von HAUER........ Analysen von eruptiven Gesteinen aus dem Orient (**Mételin**)(*Verhandl. der geol. Reichs.*).

1873. Description des marbres et autres minéraux expédiés de **Grèce** à Vienne pour l'Exposition de 1873. Athènes.

1873. NASSE............ Mittheilungen über den Bergbau von **Laurion** (*Zeitschrift f. B. und Huttenwesen*, t. XXI, p. 12).

1873-78. LANDERER....... Mittheilungen aus **Griechenland** (*B. und huttenmann. Zeitung. Leipzig*, t. 34, 35, 36, 37).

1873. SCHÖN............ Mittheilungen über eine Reise langs der Küsten Griechenlands und durch die **Europäische Turkei** (Brünn).

1874. FONTANNES........ A propos de quelques notes prises à **Athènes** (*Bull. Soc. Études scient. de Lyon*, 9 décembre 1873).

1874. GORCEIX.......... Aperçu géographique de la région du **Khassia, Thessalie et Epire** (*Bull. Soc. géograph. de France*, p. 449).

1874. HOERNES.......... Geol. Bau der Insel **Samothrace,** 12 p. et carte géol. (*Denk. der Wiener Ak.*, t. XXXIII).

1874. GORCEIX.......... Eruptions de **Nisyros** (*Ann. Chim. et Phys.*, 5e série, t. II, p. 333-353).

1875. NIEDZWICDZKI...... Petrographische Untersuchungen uber **Samothrace** (*Tchermack Mittheil.*, p 94-102).

1875. CORDELLA......... Description des produits des mines de **Laurium** et d'**Oropos**.

1875. NEUMAYR.......... Uber den Kalk der Akropolis von **Athen** (*Verhand. d. geol. Reichsanstalt*, p. 69).

1876. FUCHS............ Die Solfataren und das Schwefelvorkommen von **Kalamaki** (*Verhand. d. geol. Reichsanstalt*, p. 217).

1876. LUEDECKE......... Der Glaucophan und die Glaucophan führenden Gesteine der Insel **Syra** (*Zeitschr. d. deutsch. geol. Gesellschaft*, 1876).

1876. MIAULIS.......... Notice of the occurence of a submarine crater within the harbour of Karavossera, in the Gulf of **Arta** (*Quart. Journ. Geol. Soc.*, vol. XXXII, p. 123 et 124).

1876. NEUMAYR.......... Das Schiefergebirge der Halbinsel **Chalki-**

dike (*Jahrb. d. K. geol. Reichsanstalt*, t. XXVI, p. 249).

1876. A. Bittner, M. Neumayr et F. Teller. Geologische Arbeiten in **Orient** (*Verhandl. der geol. Reichsanstalt*, p. 217).

1876. Fuchs............ Ueber die in Verbindung mit grünen Schiefern und Flyschgesteinen vorkommenden Serpentine bei Kumi auf **Eubœa** (*Akademie in Wien.*, LXXII, p. 338).

1876. Szabo......... ... A Glaukophantrapp nehany mäs Koz es **Laurium** bau. (Budapest).

1876. R. Nasse.......... Ein Ausflug nach **Samos** (*Zeitschr. der gesellsch. f. Erdkunde*, t. X, Berlin).

1877. Landerer...... ... Mittheilungen aus **Griechenland** (Géologie archéologique) (*Berg. und Hutteamann Zeit.*, 1877, *passim*).

1877. Fischer........... Paléontologie des terrains tertiaires de **Rhodes** (*Mém. Soc. Géol.*)

1877. Fuchs............ Ueber die jungeren Tertiärbildungen **Griechenlands** (*Densch. der Ak. in Wien*, t. XXXVIII).

1877. Th. Fuchs......... Die Pliocänbildungen von **Zante** und **Corfu** (*Zitzungsber. Wien. Akad.*, t. LXXV, p. 314).

1877. Nasse............ Statistische Mittheilungen über die Bergwerksproduction des Königreiches **Griechenland** (*Zeitsch. f. das B. Hütten und Salinenwesen. des preuss. Staates*, t. XXV, p. 169).

1878. Cordella......... La Grèce sous le rapport géologique et minéralogique.

1878. Th. Fuchs......... Intorno alla posizione dei strati di **Pikermi**. (*Bull. del comitato geologico d'Italia*, p. 110).

1878. Becke............ Gesteine von der Halbinsel **Chalkidike** (*Tschermak*, I, 242; *K. Akad. in Wien*, t. LXXVIII).

1878-79. Becke .... Gesteine aus **Griechenland** (*Tschermak's miner. petrograph. Mittheilungen*. Nouvelle série, t. I, p. 459 ; t. II, p. 17).

1879. Fouqué........... **Santorin** et ses éruptions. 1 vol. in-4° de 440 p. et LXI pl., avec bibliogr., p. XXVII.

1879. Virchow......... Beiträge zur Länderkunde der **Troas** (*Abhandl. der Berliner Akad.*, avec carte).

1880. Becke............ Gesteine von **Griechenland** (*Tchermaks miner. Mittheil.*, nouv. sér., 1880, p. 17).

1880. Bittner.......... Der geolochische Bau von **Attika, Bœotien, Lokris** und **Parnassis** (*Densch. der K. Akad. der Wissenschaften*, Wien, t. XL, p. 1 à 74).

1880. NEUMAYR .... Der geologische Bau des **Westlichen Mittel Griechenlands** (*Ibid.*, p. 91 à 128).
1880. TELLER .... Die Insel **Eubœa** (*Ibid.*, p. 129 à 182).
1880. TELLER............ Geol. Beschreibung des **Sudœstlichen Thessaliens** (*Ibid.*, p. 183 à 208).
1880. NEUMAYR .... Die Insel **Kos** (*Ibid.*, p. 213 à 314).
1880. BURGERSTEIN et NEUMAYR............ Geol. Bau des thessalischen Olymp und der Halbinsel **Chalkidike** (*Ibid.*, p. 315 à 339).
1880. TELLER............ Geol. Beobachtungen auf der Insel **Chios** (*Ibid.*, p. 340 à 356; bibliogr., p. 341).
1880. CALVERT et NEUMAYR. Die jungen Ablagerungen am **Hellespont** (*Ibid.*, p. 357 à 378).
1880. BITTNER, NEUMAYR et TELLER.......... Uberblick über die geologischen Verhältnisse eines Theiles der **Agäischen Kustenländer** (*Ibid.*, p. 379 à 415; bibl., p. 380).
1882. GURLT............. Bergwerks Industrie in **Griechenland** und dem **Türkischen Reichen** (*Verhandl. d. K. K. geol. Reischsant.*, Vienne, 1882, p. 147).
1882. TOULA............. Geologie des westlichen **Balkan** (avec carte) (*Denks. d. Ak. in Wien*, t. XLIV, p. 1 à 56).
1883. J.-S. DILLER....... Notes on the geologie of the **Troad** (*Quart. J. G. S.*, t. XXXIX, p. 628).
1883. TOULA .... Die im Bereiche der **Balkan** Halbinsel geol. unters. Routen (*Mitth. der K. K. geog. Ges. in Wien*, t. XXVI) avec carte.
1883. PELZ et HUSSAK .... Das Trachytgebiet des **Rhodope** (*J. d. geol. Reichs.*, t. XXXIII, p. 115 à 130).
1884. TIETZE .... Geol. Uebersicht von **Montenegro** (*Jahrb. der K. K. geol. Reichs.*, t. XXXIV) avec bibl.
1885. TIETZE............. Beiträge zur Geologie von **Lycien** (*Jahrb. d. K. K. geol. Reichsantl.*, t. XXXV, p. 361).
1885. NEUMANN et PARTSCH. Physikaliche Geographie von **Griechenland**, mit besonderer Rücksicht auf das Alterthum (1 vol. in-8°, Breslau).
1885-88. SUESS........... Das Antlitz der Erde (*passim*).
1886. COLD.............. Küstenveränderungen im **Archipel** (München).
1886. ZUJOVIC........... Geol. Ubers. des Königr. **Serbien** (avec carte géol.) (*Jahrb. d. K.K. geol. Reichs.*, t. XXXVI, p. 72-126) et ouvrage en serbe (Belgrade, 1893).
1887. E. PERGENS........ Pliocäne Bryozoen von **Rhodos** (*Ann. d. K. K. Naturhist. Hofmuseum*, Wien).
1887. PARTSCH........... Die Insel **Korfu**, eine geographische Monographie (*Petermanns Mittheil. Erg. Heft*, 88).
1887. NEUMAYR .... Erdgeschichte (*passim*).

1887. FOULLON et GOLDSCHMIDT .... Ueber die geol. Verhältnisse der Inseln **Syra, Syphnos** und **Tinos** (*Jahrb. d. g. Reichs.*, t. XXXVII, p. 1 à 34, avec cartes géologiques des trois îles).

1888. Von LUSCHEN...... Reisen in **Kleinasien** (*Verh. der Gesellschaft für Erdkunde*, Berlin).

1888. L. De LAUNAY...... Histoire géologique de **Métélin** et de **Thasos** (*Revue archéologique*).

1888. Von RATH......... Ueber die Geologie von **Attika** (*Verh. natur. Ver. Pr. Rheinlands*, t. XLIV, p. 77).

1889. PETERSEN et LUSCHAN............ Reisen in **Lykien, Milyas** und **Kibyrotis** (Wien).

1889. L. De LAUNAY...... Autour de la **mer Égée** (*Annuaire du Club Alpin*).

1889. BUKOWSKI .... Grundzüge des geol. Baues der Insel **Rhodos** (*Sitsber. d. K. Akad. d. Wissen. in Wien.*, t. XCVIII, 1er mars 1889, p. 208 à 292, avec carte géologique, et 1887, 1er compte rendu).

1889. BUKOWSKI .... Der Geol. Bau der Insel **Kasos** (*Ibid.*, juin 1889).

1889. TOULA .... Untersuchungen im centralen **Balkan** (avec carte) (*Denks. d. Ak. in Wien*, t. LV, p. 1 à 108).

1890. L. De LAUNAY ..... La géologie de l'île de **Mételin** (*C. R.*, 20 janvier 1890).

1890. KOLDEWEY......... Die antiken Baureste der Insel **Lesbos** (Berlin, Reimer, 1890, in-f°, avec 2 cartes de Kiepert).

1890. A. PHILIPPSON...... Der **Isthmos von Korinth** (*Zeitschr. d. Gesellsch. für Erdkunde zu Berlin*, t. XXV, cahier 1), avec bibl., p. 4-5.

1890. FR. TOULA......... Geol. Untersuch. in **Bulgarien** (*Vorträge des Ver. zur Verbr. naturw. Kenntn. in Wien*, t. XXX), avec bibliog.

1891. E. TOULA.......... Der Stand der geol. Kenntnisss der **Balkanländer** (*Verh. des IX deutschen Geographentages;* Berlin, Reimez).

1891. PARTSCH........... Die Insel **Zante** (*Petermann's Mittheilh.*, 1891, p. 161).

1891. VITAL-CUINET....... La **Turquie d'Asie** (1 vol., chez Leroux).

1892. L. De LAUNAY...... Sur la **mer Égée** (*Comptes Rendus de la Soc. géol.*, 4 avril, 3e série, t. XX, p. LXVI).

1892. PHILIPPSON......... Der **Peloponnes.** — Versuch einer Landeskunde auf geologischer Grundlage (1 vol. de 642 p. et atlas, comprenant carte topographique et géologique au 300.000e, chez

Friedländer, Berlin) (Bibliographie, p. 611 à 616).

1892. De Stefani, Forsyth Major et W. Barbey — **Samos.** Etude géologique, paléontologique et botanique (Bridel, Lausanne).

1893. Lepsius............ Geologie von **Attika.** — Ein Beitrag zur Lehre vom Metamorphismus der Gesteine. Berlin, chez Reimer. 1 vol. in-4° avec atlas. Chapitre sur **Paros, Naxos** et **Seriphos,** p. 144-148.

1894. L. De Launay...... Les Minerais d'argent de **Milo** (Bull. *Ann. d. Mines*).

1894. L. De Launay...... L'île de **Lemnos** (*Annuaire du Club Alpin*).

1894. Fouqué........... Contribution à l'étude des feldspaths. Etude de quelques roches de **Milo,** du **Péloponèse,** de **Mételin** et de **Santorin** (*Bull. Soc. Min.*, t. XVII, n°s 7 et 8).

1894. E.-A. Martel..... Les Abimes: 1 vol. in-4°, chez Delagrave; ch. xxvii, p. 490 à 513; avec bibl. : Sur les Katavothres du **Péloponèse.**

1894. Philippson .... Der **Kopais**-See im Griechenland (*Zeitschr. d. Ges. f. Erd. K. zu Berlin*, t. XXIX, p. 1-90), avec bibl.

1895. K. Hassert........ Beitr. zur Geogr. von **Montenegro** (*Petermann's Mittheil.*, Erg Heft, n° 115), avec bibl.

1895. L. De Launay...... Notes sur **Lemnos** (*Revue archéologique*).

1895. L. De Launay...... La nécropole de Camiros dans l'île de **Rhodes** (*Revue archéologique*).

1895. de Stefani......... **Samos** et **Karpathos** (Lausanne, 28 p.).

1896. H.-S. Washington. Séries éruptives d'**Œgine** et de **Methana** (*Journal of Geology*, II, n° 8; III, n°s 1 et 2).

1896. V. Hauer.......... Cephalopoden aus der Trias von **Bosnien** (*Denks. d. Ak. in Wien*, t. LXIII, p. 237 à 276).

1896. Fr Toula........ Geol. Unters. im östl **Balkan** (*Denks. d. K. Ak. d. W.*, t. LXIII, p 277-315), avec bibl. et carte.

1896. Die geol. Verhältnisse der **Laurischen** Erzlagerstätten (*Zeits. f. prakt. Geol.*, p. 152-157), avec bibl.

1896. Douvillé.......... Sur une ammonite triasique recueillie en **Grèce** (*B. S. G.*, t. XXIV, p. 799).

1897. Philippson......... Geologisch.-geographische Reiseskizzen aus dem **Orient** (avec bibliographie) (*Sitzber. der Niederr. Gesellsch. zu Bonn*, 1896-97).

1897. Stefanescu........ Thèse sur les terrains tertiaires de **Roumanie** (Lille, Le Bigot).

1897. PHILIPPSON......... **Griechenland** und seine Stellung im Orient (*Geogr. Zeitschr.*, III).

1897. LACROIX........... Sur la constitution géologique de l'île de **Polycandros** (Archipel) (*C. R.*, 22 mars 1897, p. 628).

1897. L. De LAUNAY..... La géologie des îles de **Mételin,** ou **Lesbos** et de **Lemnos,** dans la mer Egée (*C. R.*, 13 décembre 1897).

1897. LACROIX........... Sur les minéraux cristallisés formés sous l'influence d'agents volatils, aux dépens des andésites de Théra **(Santorin)** (*C. R.*, 27 déc. 1897).

1897. BLANCKENHORN..... Zur Kenntniss der Süsswasserablagerungen **Syriens** (Beiträge ... de Zittel, t. XLIV, Stuttgart).

Cartes.

1892. KIEPERT........... Carte de l'Asie Mineure et des îles avoisinantes.

H. KIEPERT.......... Carte générale des provinces européennes et asiatiques de l'Empire ottoman, au 3.000.000e, en 4 feuilles.

ANDRIVEAU-GOUJON. Carte de l'Empire ottoman au 3.500.000e, en 2 feuilles.

Cartes de détail du Dépôt de la Marine et de l'Amirauté anglaise.

TABLE DES MATIÈRES.

Tours. — Imprimerie Deslis Frères.

www.ingramcontent.com/pod-product-compliance
Ingram Content Group UK Ltd.
Pitfield, Milton Keynes, MK11 3LW, UK
UKHW021052200726
13857UKWH00003B/903

9 782011 947505